ARCHIV FÜR HYGIENE
UND BAKTERIOLOGIE

SAMMEL-VERZEICHNIS

ZU BAND 73–112

BEARBEITET VON

DR. LUDWIG LANGE

MÜNCHEN UND BERLIN 1935

VERLAG VON R.OLDENBOURG

Druck von R. Oldenbourg, München.`

Vorbemerkung.

Anders als bei den ebenfalls von mir bearbeiteten »General-Registern« für Bd. 1—40 und Bd. 41—72 ist diesmal auf Wunsch und nach Vorschlägen von Herrn Geh.-Rat Kißkalt der II. Teil, das »Sachregister«, nicht durchgängig alphabetisch, sondern in sich selbst nach Gegenständen geordnet und als III. Teil ein alphabetisches Städte-Verzeichnis mit Zusammenstellung der aus den einzelnen Forschungsstätten hervorgegangenen Arbeiten angefügt worden.

L. L.

Von den drei jeder Angabe beigesetzten Zahlen bedeutet
die erste den Band,
die zweite (in gekürzter Form) das Jahr, in dem dieser erschienen,
die dritte die Seite.

Inhaltsverzeichnis.

Seite

I. Teil: **Alphabetisches Verfasserverzeichnis** 7

II. Teil: **Sachverzeichnis**

   1. Konstitution und Disposition 44
   2. Rasse, Vererbung 44
   3. Statistik 44
   4. Sozialhygiene 45
   5. Psychologie und Psychiatrie 45
   6. Leibesübungen, Bäder, Sport 45
   7. Klima, Wohnklima (physikalische Einwirkungen der Atmo-
      sphäre) 45
   8. Tropen 46
   9. Kleidung 46
  10. Luft (chemisch, Staub) 47
  11. Stoffwechsel und allgemeine Ernährungslehre (Kropf s. unter
      25 g) 48
  12. Nahrungsmittel, allgemein 49
     a) Fleisch und Fleischwaren, Speck 49
     b) Milch und Milchprodukte, Eier 49
     c) Cerealien, Obst, Pflanzenfette 50
     d) Andre Lebensmittel (außer Wasser), Genußmittel (außer
       Alkohol) 50
     e) Konservierung, Vitamine 51
  13. Alkohol 51
     a) Tabak 51
  14. Gebrauchsgegenstände 51
  15. Wasser
     a) allgemein, Physiologie 52
     b) 1. Chemische Wasseruntersuchung 53
     b) 2. Bakteriologische Wasseruntersuchung 53
     c) Desinfektion von Wasser, Filterung 54
  16. Boden 54
     a) Leichenbestattung, Leichenwachsbildung 54
  17. Haus und Wohnung (Bauhygiene) 54
  18. Lüftung und Heizung 54
  19. Beleuchtung 55
  20. Abwasser, Abfallstoffe, Flußverunreinigung 55
  21. Berufshygiene allgemein 55
     a) Physiologie und allgemeine Pathologie 56
     b) einzelne Organe (Auge, Haut usw.) 57
     c) Gase und Dämpfe 57
     d) Staub, Rauch 58
  22. Schwangere, Säuglinge, Kindesalter einschließlich Schule . 60
  23. a) Krankenhaus 60

  Seite

23. b) Heeressanitätswesen   60
24. Tumoren   60
25. Infektionskrankheiten
    a) Technik   60
    b) Biologie der Bakterien   61
    c) Pathogenese   63
    d) Immunität, Serologie, Resistenz   63
    e) d'Hérellesches Phänomen (Bakteriophagen)   65
    f) Chemotherapie   66
    g) Allgemeine Epidemiologie   66
    h) Ungeziefer und seine Bekämpfung   67
    i) Desinfektion   67
    j) Coccen   69
    k) Typhus-Coligruppe   70
    l) Diphtherie   71
    m) Tuberkulose   72
    n) Anaerobe   72
    o) Geschlechtskrankheiten   72
    p) Spirochäten, außer Spirochaeta pallida   73
    q) Fleckfieber, Pocken   73
    r) Andere Bakterien und filtrierbares Virus   73
    s) Hefe, höhere Pilze   75
    t) Protozoen   75
    u) Unbekannte Erreger   75
    v) Metazoen   75
26. Geschichte, Nachrufe u. dgl.   75
III. Teil: **Alphabetisches Städteverzeichnis (Forschungsstätten)** 76

I. Teil.
Alphabetisches Verfasserverzeichnis.

A.

Abeshaus H. Zur Frage über die Gewinnung einer beständigen Staubkonzentration in Staubkammern. 106. 31. 102.

Ackermann D. und **Schütze H.** Über Art und Herkunft der flüchtigen Basen von Kulturen des Bacterium Prodigiosum. 73. 11. 145.

Adolphi H. Über die Pestepidemie in der Mandschurei im Jahre 1910. 97. 26. 1.

Ahlborn K. Die desinfizierende Wirkung der Gasbeleuchtung auf Zimmerluft. 83. 14. 155.

Ali Muhiddin. Nachprüfung der Methode von Vincent zum Colinachweis im Wasser. 109. 32. 31.

Alvermann G. A. und **Wuttke K.** Zur Kenntnis der Wirkung von Desinfektionsmitteln auf anaerobe Keime, besonders der Mundhöhle und der Zähne. 111. 34. 278.

Angerer K. v. Experimentelle und theoretische Studien über die Epiphaninreaktion. 83. 14. 77.

— Über die Regeneration von Drigalskiagar. 87. 18. 316.

— Über die Arbeitsleistung eigenbeweglicher Bakterien. 88. 19. 139.

— Über die Oberfläche der Mikroorganismen. 88. 19. 274.

— Über die Mechanik kleinster Tröpfchen. 89. 20. 262.

— Über die aktuelle Reaktion im Innern der Bakterienzelle. 89. 20. 327.

— Kritische Untersuchungen über die Aetiologie der Influenza. 90. 22. 254.

— Untersuchungen an Wasserspirochäten. 91. 22. 201.

— Über ein Verfahren, verstopfte Filterkerzen wieder durchgängig zu machen. 91. 22. 269.

— Über die durchschnittliche Porengröße und die Strömungsgeschwindigkeit in Berkefeldkerzen. 91. 22. 273.

— Beiträge zum Bakteriophagenproblem. 92. 24. 312.

— Filtrationsversuche mit Wasserspirochäten. 92. 24. 325.

— Über das optische Verhalten der Bakterien. 93. 23. 14.

— Über die Bedingungen der Entwicklung von Oberflächenkolonien. 96. 26. 231.

— Ein Beitrag zum Problem der Zivilisationsseuchen. 101. 29. 338.

— Über Gesetzmäßigkeiten bei Sterbeziffern. 107. 32. 67.

— Über die Verwendung von ein- und zweifarbigen Kontrastfiltern in der bakteriologischen Mikroskopie. 110. 33. 33.

— Ein Beitrag zur Frage der örtlichen Häufung des Karzinoms. 111. 1. 23.

— Berechnung über die Ausbreitung der Diphtherie in Schule und Haus. 111. 1. 38.

Angerer K. v. und **Hartmann A.** Zur Technik der Schimmelpilzuntersuchung. 96. 26. 227.
— und **Rupp H.** Über die Bindung des Bakteriophagen. 99. 28. 118.
—, s. a. **Ilzhöfer H.**
Anton H. Zur Frage nach dem Vorhandensein einer Beziehung zwischen Giftresistenz und Fettgehalt weißer Mäuse. 105. 31. 275.
Aoki. Über Kapselbildung der Pneumokokken im Immunserum. 75. 12. 393.
Apfelbeck M. Untersuchungen über die Dampfresistenz der Rauschbrandsporen. 91. 22. 245.
Arima R. Das Schicksal der in die Blutbahn geschickten Bakterien. 73. 11. 265.
Arnold A., s. **Seiffert G.**
Aschoff L. Die Bakterioskopie an der Leiche. 103. 30. 1.
Avé-Lallement E. Zur Zusammensetzung und Beurteilung der Würste. 80. 13. 154.
Awerbuch J., s. **Uffenheimer A.**

B.

Bach F. W. Bakteriologisch-hygienische Untersuchungen von Briefmarken. 106. 31. 366.
Bachmann W. Über die Brauchbarkeit serodiagnostischer Methoden zum Nachweis der Tuberkulose. 94. 24. 228.
— Studien zur Erkältungsfrage. III. Mitteilung. 102. 29. 263.
— I. Über das Wärmehaltungsvermögen von Bekleidungsstoffen. Mit einer Einleitung von Prof. Dr. Bürgers. 103. 30. 336.
— II. Über einige hygienische Eigenschaften kunstseidener Gewebe. 104. 30. 43.
— III. Über die Luftdurchgängigkeit von Kleiderstoffen bei verschiedener Stoffdicke und bei verschiedener Strömungsgeschwindigkeit der Luft. 105. 31. 181.
— Über die Wärmeabgabe des Fußes bei verschiedener Bekleidung und Zimmertemperatur. 106. 31. 123.
— Die Serodiagnostik der Syphilis im aktiven Serum mit Hilfe der Hämaglutination von Hammelblutkörperchen durch spezifisches Kaninchenimmunserum. 108. 32. 142.
— Ergebnisse thermoelektrischer Messungen in den einzelnen Schichten der Männerkleidung beim Tragversuch mit verschiedenen Unterhemden. 108. 32. 167.
— Experimentelle Beiträge zur Ätiologie der Haffkrankheit. I. Mitteilung. 110. 33. 266.
— Experimentelle Beiträge zur Ätiologie der Haffkrankheit. III. Mitteilung. 111. 34. 214.
— Über die hygienische Brauchbarkeit von Trikotagen aus Eßlinger „Trockenwolle". 111. 34. 317.
—, **Hettche H. O.** und **Ogait A.** Experimentelle Beiträge zur Ätiologie der Haffkrankheit. II. Mitteilung. 110. 33. 303.
—, s. a. **Bürgers J.**
Bail O. Untersuchungen über die M-Konzentration von Bakterien und Bakteriophagen. 94. 24. 54.
— Entstehung und Gesetze von Bakterienpopulationen; soziologische Studien an Dysenteriebazillen. 95. 25. 1.
— und **Breinl F.** Versuche über das seitliche Vordringen von Verunreinigungen im Boden. 82. 14. 33.
— und **Okuda S.** Der Abbau lebender Bakterien durch Bakteriophagen. 92. 24. 251.

Bail O. und **Suzuki S.** Untersuchungen über die Vibrioneninfektion des Meerschweinchens. 73. 11. 341.

— und **Weil E.** Beiträge zum Studium der Milzbrandinfektion. 73. 11. 218.

— Bakterienkultur als Hilfsmittel experimenteller Populationsforschung. 102. 29. 71.

Balser J., s. **Kaup J.**

Bamesreiter O. Neue Versuche über die quantitative Giftigkeit von Benzol- und Benzindämpfen. 108. 32. 129.

Bart H. Die biologische Wirkung des Nitrals und seine Bedeutung für die Hygiene der Ernährung. 91. 22. 1.

Barth E. Chlorbindungsvermögen und Kaliumpermanganatverbrauch von Wasser und Abwasser. 104. 30. 318.

—, s. **Schmidt P.**

Bauer K., s. **Graßberger R.**

Baumgärtel T. Untersuchungen über Algenphagozytose. 93. 23. 43.

Bayer M., s. **Nachtigall G.**

Beck A. Vergleichende bakteriologische Untersuchungen über die Wirksamkeit des Chlor-Silber-Kupfer-Entkeimungsverfahrens bei der Badewasserreinigung. 109. 32. 177.

— Erfahrungen bei der hygienischen Überwachung eines mit einer Chlor-Silber-Kupfer-Entkeimungsanlage ausgestatteten Hallenbades. 109. 32. 189.

Behmer W. Beiträge zur Biologie und Biochemie des Bacillus Proteus und Versuche zur Isolierung pathogener Mikroorganismen aus proteushaltigem Material mittels Agarplatten mit Karbolsäurezusatz bzw. Eichloffblauplatten. 89. 20. 295.

Belian W., s. **Süpfle K.**

Bickert F. W. Untersuchungen über den Einfluß gewerblicher Gifte auf die Immunkörperbildung. I. Mitteilung: Blei. 106. 31. 271.

— Untersuchungen über den Einfluß gewerblicher Gifte auf die Immunkörperbildung. 107. 32. 1.

Bijl J. P. und **Korthof G.** Über das Vorkommen der Weilschen Infektion in Holland während der Jahre 1924—1930. 105. 31. 29.

Bleyer L. Über die Beeinflussung der Kleberauswaschung bei Weizenmehlen durch Roggenbeimengungen. 91. 22. 367.

— Über die Temperatursteigerung bei Ammoniak- und Chloroformaufnahme durch Wollstoffe. 94. 24. 347.

Blum K. Beiträge zur Kenntnis der Leukine. 90. 22. 373.

Blumenberg W. Die neueren Flockungsreaktionen zum serologischen Luesnachweis im Lichte vergleichender Untersuchungen. 105. 31. 334.

— Über den Ersatz alkoholischer Organextrakte und die Aktivierung unterschwelliger Extraktdosen durch Phenol-Alkohol. 109. 32. 284.

— und **Züll A.** Über Streptokokkenbefunde in Zahnwurzelgranulomen. 109. 32. 297.

Boedicker W. Experimentelle Studien zur Frage der chronischen Kohlenoxydvergiftung. 107. 32. 318.

— Experimentelle Studien zur Frage der chronischen Kohlenoxydvergiftung. II. Mitteilung. 109. 32. 124.

Boehncke K. E. Die Beziehungen zwischen Zuckergehalt des Nährbodens und Stickstoffumsatz bei Bakterien. 74. 11. 81.

Boer W. Über quantitative Bestimmung des anthrakotischen Lungenpigments. 74. 11. 73.

Böttcher W. Die Typhusbekämpfung in den öffentlichen Irrenanstalten Deutschlands. 80. 13. 109.

Brack H., s. **Ilzhöfer H.**

Breed S. Die Wirkung der Zentrifuge und des Separators auf die Verteilung der Zellelemente in der Milch nebst einer Kritik der zur Bestimmung der Zellenzahl in der Milch verwendeten neuen Methoden. 75. 12. 383.

Breine F., s. **Bail O.**

Brekenfeld. Die Bakterioskopie der Fleischwaren als Spiegelbild der hygienischen Verhältnisse des herstellenden Betriebes. 107. 32. 193.

Bresler F. und **Lubinski H.** Die Bestimmung des Chlorgehaltes in eisenreichen Wässern. 106. 31. 197.

Brezina E. Über die Wirkung der gebräuchlichen Respiratoren. 74. 11. 143.

— Über eine neue Methode zur Diagnose der Ermüdung nach Muskelarbeit. Der Palmograph. 89. 20. 1.

— Über die Bedeutung der Woche für den Ablauf menschlicher Tätigkeit. 89. 20. 27.

— Über das Herz der Schwerarbeiter. 95. 25. 351.

— Über Körpermaße und Wachstumsverhältnisse bei Wiener Lehrlingen und Lehrmädchen. 112. 34. 280.

— und **Lebzelter V.** Über die Dimensionen der Hand bei verschiedenen Berufen. 92. 24. 53.

— und **Schmidt W.** Über Beziehungen zwischen der Witterung und dem Befinden des Menschen, auf Grund statistischer Erhebungen dargestellt. 90. 22. 83.

— und **Wastl J.** Über die Körperbeschaffenheit von Wiener Straßenbahnangestellten. 102. 29. 154.

Brotzu G. Über die Bedeutung des Straßenstaubes in den Städten. 105. 31. 168.

Brückner H. Arbeiten über die basophile Substanz in den jugendlichen roten Blutkörperchen. II. Über die physikalisch-chemischen Eigenschaften der basophilen Substanz in den jugendlichen Erythrocyten. 98. 27. 95.

— Über die Bedeutung der „Vitalfärbung" für die Diagnose der Bleivergiftung. 99. 28. 227.

— Arbeiten über die basophile Substanz in den jugendlichen roten Blutkörperchen. III. Über die Wirkung der Fixierung und über den Einfluß der Wasserstoffionen. — Konzentration der Farblösungen auf die Darstellbarkeit der basophilen Substanz. 99. 28. 236.

— Über eine verbesserte Apparatur zur Dosierung von Gasen und Dämpfen im „dynamischen" Inhalationsversuch. 101. 29. 16.

— und **Spatz R.** Über die Beurteilung des roten Blutbildes bei der Bleivergiftung unter Berücksichtigung verschiedener Darstellungsmethoden der polychromaten und basophil punktierten Erythrocyten. 97. 26. 277.

—, s. a. **Froboese V.**

Brüllowa L. P., Brussilowskaja A. S., Lazarew N. W., Lübimowa M. P. und **Stalskaja D. J.** Das Blut bei der experimentellen Benzinvergiftung. 104. 30. 226.

Bruns H. Der heutige Stand der Ankylostomiasis in Deutschland nach 20 jähriger rationeller Bekämpfung. 95. 25. 209.

Brussilowskaja A. J., s. **Lazarew N. W.**

Brussilowskaja A. S., s. **Brüllowa L. P.**

Bürger M. Über Schwefelwasserstoffbildung aus Zystin durch Bakterien. 82. 14. 201.

Bürgers J. und **Dachmann W.** Untersuchungen über den körperlichen Zustand der Jugendlichen Düsseldorfs nach dem Kriege. 92. 24. 169.

Bürgers J. und **Bachmann W.** Zur Ätiologie des Scharlachs. 94. 24. 153.
— Messungen von Düsseldorfer Volksschulkindern. 94. 24. 276.
Büttner H. Zur Kenntnis der Mykobakterien, insbesondere ihres quantitativen Stoffwechsels auf Paraffinährböden. 97. 26. 12.
Bujanowski D. Der Bakteriophage in den Abwässern. 101. 29. 318.
Burckhardt J. L. Experimentelle Studien über den Einfluß technisch wichtiger Gase und Dämpfe auf den Organismus (XXXIV). Zur Kenntnis des Zyangases (Dizyan). 79. 13. 1.
— Untersuchungen über Bewegung und Begeißelung der Bakterien und die Verwendbarkeit dieser Merkmale für die Systematik. 1. Teil: Über die Veränderlichkeit von Bewegung und Begeißelung. 82. 14. 235.
—, s. a. **Vogt Chr.**
Buresch H. Tierversuche über chronische Kohlenoxydschädigungen. 109. 32. 211.
Burger A., s. **Fendler G.**
Burtscher J. Über ein Trinkwasser, bei welchem der chemische Befund und die geologische Beschaffenheit der Umgebung der Quelle nicht übereinstimmen. 104. 30. 197.
—, s. a. **Lode A.**

C.

Cafasso K. Untersuchungen über den Grad der bakteriellen Verunreinigung des Meerwassers im Bereiche verankerter Kriegsschiffe. 88. 19. 20.
Callerio C., s. **Friedberger E.**
Carpine F. v. Über die Wirkung von Staubsaugungen auf den Staub- und Keimgehalt der Luft in einigen gewerblichen Betrieben mit spezieller Berücksichtigung der hiefür anwendbaren Untersuchungsmethoden. 86. 17. 1.
Celli A. Die Verbreitungsfähigkeit der pathogenen Keime. 81. 13. 333.
Chen Yühsiang, s. **Dold H.**
Chlopin G. W., Jakowenko W. und **Wolschinsky W.** Weitere Untersuchungen über den Einfluß der geistigen Tätigkeit auf den respiratorischen Gaswechsel und auf den Energieumsatz. 98. 27. 158.
— und **Okunewsky J. L.** Die geistige Tätigkeit und der Gasstoffwechsel. 91. 22. 317.
Chuchrina E. Eine neue Prüfungsmethode der Luftdurchlässigkeit der Kleiderstoffe. 111. 34. 43.
Chwilewizky M. Über die Beschleunigung der Nitritproduktion in Kulturen von Choleravibrionen in Nitratbouillon durch deren vorhergehendes Wachstum auf verunreinigtem Boden. 76. 12. 401.
Clausnitzer A. Zur Frage der Ubiquität des Paratyphus-B-Bazillus. 80. 13. 1.
Cropp F. Über den Einfluß schlechter kohlensäurereicher Luft sowie von Lichtabschluß auf wachsende Tiere. 90. 22. 279.

D.

Damm H. Über eine neue Wasserprobenahmeflasche für die periodische Kontrolle des Molkereigebrauchswassers. 109. 32. 365.
Darányi J. v. Qualitative Untersuchung der Luftbakterien. 96. 26. 182.
Deckert W. Zur Beurteilung der Giftigkeit kohlenoxydhaltiger Luft. 102. 29. 254.
—, s. a. **Schwarz L.**
Dengler A., s. **Süpfle K.**
Derks J. Vergleichende Kohlensäurebestimmung mit den Apparaturen von Pels-Leusden und Sartorius und Derks. 110. 33. 329.

Derks J., s. a. **Sartorius F.**

Dettling H. Einfluß eines Proteusbakteriophagen auf das Schwärmvermögen von Proteusbazillen. 108. 32. 359.

— Über das Vorkommen von Bang-Agglutininen in Mittelfranken und Oberpfalz. 109. 32. 61.

Dichtl G. Über die Bestimmung der Keimzahl in Bakterien-Reinkulturen. 89. 20. 47.

Diem L., s. **Lehmann K. B.**

Dieterle Th. und **Eugster J.** Über den Verlauf der Kropfendemie in einigen Schweizer Dörfern nach 20 Jahren. 111. 34. 136.

— **Hirschfeld L.** und **Klinger R.** Epidemiologische Untersuchungen über den endemischen Kropf. 81. 13. 128.

Dietrich E., s. **Sobernheim G.**

Dirk Held. Versuche und Gedanken über die konservierende Wirkung der Benzoesäure. 84. 15. 289.

Dobreff M. Über den Einfluß chronischen Saccharingenusses auf die Magensaftbildung. 95. 25. 320.

Dold H. und **Chen Yühsiang.** Über die Lebensdauer einiger pathogener Bakterien (Typhusbazillen, Paratyphusbazillen, Dysenteriebazillen, Choleravibrionen, Diphtheriebazillen) auf Papiergeld. 89. 20. 63.

— Anaphylatoxin, charakterisiert durch eine eigenartige Flockungs-Phase der Serum-Globuline. 89. 20. 101.

— und **Huang L. P.** Experimentelle Beiträge zur Frage der Erkältungsdiarrhoe. 89. 20. 168.

— Über das seroskopische Verhalten der Sera nach Einsaat von Kaolin, Agar, Inulin und Stärke. 89. 20. 373.

— Die Chinin-Idiosynkrasie der Haut bei gewerblichen Arbeitern. 96. 26. 167.

— Über in vitro nachweisbare Zell- und Organgifte aus Streptokokken (Leukozidine, allgemeine Cytozidine, Organozidine). 103. 30. 10.

— Mörser mit Cellophanschutz zur gefahrlosen Verreibung von bakteriellen, reizenden und giftigen Substanzen. 104. 30. 386.

— und **Li mei ling.** Bakteriologische Untersuchungen über die faulen Eier der Chinesen. 85. 16. 300.

Dolgin P., s. **Kagan E.**

Dombrowsky K. H. Über die Reinigung des Füllmaterials für Decken, Matratzen und Betten. 111. 34. 350.

— s. **Kuhn Ph.**

Dratschew S. M. Chemische Indikatoren der Verunreinigung des Bodens. 110. 33. 219.

Dresel E. G. und **Lotze H.** Der Kaffee als Darmdesinfiziens. 104. 30. 144.

— und **Stickl O.** Die Bedeutung des Bacterium typhi flavum für die Epidemiologie des Typhus abdominalis. 104. 30. 330.

— und **Hettche H. O.** Untersuchungen über Knäckebrot im Vergleich mit anderen Broten. 108. 32. 1.

Dubitzki L. O. Experimentelle Studien über den Einfluß technisch und hygienisch wichtiger Gase und Dämpfe auf den Organismus. Teil XV: Studien über Arsenwasserstoff. 73. 11. 1.

Dukelsky O., s. **Marschak M.**

Durham E. Einige Studien über Abrus- und Rizinus-Samen. 81. 13. 273.

E.

Eidherr A. und **Reichel H.** Ist die Ascoli-Reaktion zur Aussonderung milzbrandinfektiöser Häute geeignet? 105. 31. 262.

Eijkmann Chr. 92. 24. 292.

Eckstein, E. Welche Veränderungen erleidet das im Brot aufgenommene Getreidekorn beim Durchgang durch den Verdauungskanal? 102. 29. 240.

Emmerich R. und **Jusbaschian A.** Die Beeinträchtigung des Gift-i. e. Nitritbildungsvermögens der Choleravibrionen durch freie salpetrige Säure. 76. 12. 12.

— und **Loew O.** Über Erhöhung der natürlichen Resistenz gegen Infektionskrankheiten durch Chlorkalzium. 80. 13. 261.

— — Studien über den Einfluß mehrerer Salze auf den Fortpflanzungsprozeß. 84. 15. 261.

Engel H. und **Froboese V.** Untersuchungen zur Klärung der Bleiverflüchtigung beim homogenen Verbleien und Bleilöten unter Verwendung verschiedener Gebläseflammen. 96. 26. 69.

Epstein E. Über die Darstellbarkeit polgefärbter (pestbazillenähnlicher) Stäbchen bei verschiedenen Bakterienarten. Die Polfärbbarkeit als vitale, durch Bakterienwachstum in wasserreichen Nährmedien bedingte Erscheinung. 90. 22. 136.

— und **Paul F.** Zur Theorie der Serologie der Syphilis. 90. 22. 98.

Ernst W. Spättetanus durch stumpfes Trauma über 14 Jahre nach der ursächlichen Kriegsverletzung. 106. 31. 235.

Etinger-Tulczynska R., s. **Neufeld F.**

Eugling M. Über Malaria in Reisgegenden. 92. 24. 244.

Evers A. Über die Disposition der Versuchstiere und des Menschen für giftige Gase. 106. 31. 255.

Ewig W. und **Wohlfeil T.** Psychologische Beiträge zur Ermüdungsforschung bei maximalen körperlichen Anstrengungen. I. Das Verhalten der Aufmerksamkeit. 97. 26. 162.

— — Psychologische Beiträge zur Ermüdungsforschung bei maximalen Körperanstrengungen. II. Mitteilung: Über das psychomotorische Verhalten. 97. 26. 251.

— — Psychologische Beiträge zur Ermüdungsforschung bei maximalen Körperanstrengungen. III. Mitteilung: Über die geistige Leistungsfähigkeit. 97. 26. 261.

F.

Farkas G. und **Geldrich J.** Über den Energieverbrauch beim Orgelspiel. 99. 28. 52.

— — Über den Energieverbrauch bei gewerblicher Arbeit. 104. 30. 1.

Fendler G., Frank L. und **Stüber W.** Untersuchungen über den Nährwertgehalt von Mittagsmahlzeiten aus Berliner Notstandsspeisungen und Volksküchen im Winter 1914/15. 85. 16. 199.

— **W. Stüber** und **Burger A.** Untersuchungen über die Berliner Schulspeisung. 85. 16. 1.

Fetzer, H. C. Untersuchungen über die Beziehungen zwischen Kohlehydratstoffwechsel und experimenteller Staphylokokkeninfektion beim Kaninchen. 107. 32. 255.

— und **Weiland P. G.** Experimentelle Beiträge zur Frage der chronischen Kohlenoxydvergiftung. 112. 34. 95.

—, s. a. **Selter H.**

Feulgen R. Verunreinigung eines Brunnens durch Küchenabwässer infolge Zernagens eines bleiernen Abflußrohres durch Ratten. 91. 22. 267.

Finsterwalder C. Untersuchungen über Koch-Weeksche Bazillen. 100. 28. 5.

Fischer H. Entstehen bei der Bleilötarbeit „Bleidämpfe“ in gesundheitsschädlicher Menge? 94. 24. 342.

Fischer M. Über das Wesen der Oligodynamie und ähnlicher Reizerscheinungen. Vorläufige Mitteilung. 94. 24. 214.

Fleischer L. Über die quantitative Ausgestaltung der Flockungsreaktion. 94. 24. 255.

Fleischer W. Notiz über Teilung und Kettenbildung der Fäden von Bacillus subtilis. 91. 22. 291.

Forst von der P. Die Erkrankungen an Typhus, Paratyphus, Ruhr und Nahrungsmittelvergiftung im Regierungsbezirk Münster i. Westfalen in den Jahren 1925—31. 109. 32. 85.

Nachruf auf Professor **J. Forster.** 73. 11. zwischen 244 u. 245.

Francillon M. Einfluß der aeroben Mischinfektion auf Entwicklung und Toxinbildung des Bacillus botulinus. 95. 25. 121.

Frank L., s. **Fendler G.**

Frantz O. B. Experimentelle Untersuchungen über die Bakterizidie von Geweben, Cerebrospinalflüssigkeiten, Exsudaten und Transsudaten nebst in vivo Versuchen mit künstlich erzeugten Abszessen. 110. 33. 143.

Fretwurst F. und **Hertz A.** Quantitative Bestimmung von Blei in Stuhl und Urin und ihre Bedeutung für die Diagnose der Bleivergiftung. 104. 30. 215.

Friedberger E. und **Callerio C.** Zur künstlichen, indirekten Beleuchtung von Wohn- und Arbeitsräumen. 106. 31. 241.

— und **Seidenberg S.** Über die Wasserfiltration durch Braunkohlenasche, insbesondere durch Grudeasche. 104. 30. 255.

Friedländer M. Über den Wassergehalt der Kulturen der rauhen und glatten Stämme der Paratyphusgruppe. 91. 22. 287.

Frisch S., s. **Glaser E.**

Froboese V. Der anorganische Staub der Atemluft in industriellen Großbetrieben und seine gravimetrische Bestimmung. 95. 25. 174.

— Beitrag zur Bestimmung von Blei in organischen Substanzen, besonders in Kot und Harn. 96. 26. 289.

— und **Brückner H.** Beitrag zur gewerbehygienischen Methodik: Versuche zur Beatmung von Tieren mit dosierbaren Mengen von luftkolloidem Bleioxyd und Luft, in Anlehnung an die Entstehung der Bleivergiftung bei Bleilötern. 101. 29. 161.

—, s. a. **Engel H.**

Fromme W. Organisation und Einrichtung des kommunalen Gesundheitsamtes. 103. 30. 20.

Frühholz E. Die Oberflächentemperaturen im Raum in Beziehung zur Temperatur der Außen- und Innenluft. 112. 34. 20.

Fürst Th. Untersuchungen über Variationserscheinungen beim Vibrio Finkler-Prior. 83. 14. 350.

— Variationserscheinungen bei Paratyphus A. 87. 18. 270.

— Über Steigerung der Antikörperproduktion durch unspezifische Reizwirkung intravenöser Methylenblauinjektionen. 89. 20. 161.

— Die Münchner Fortbildungsschuljugend nach dem Krieg. 93. 23. 79.

Fürth J. Über die Methodik der biologischen Eiweißdifferenzierung. 92. 24. 158.

G.

Gaehtgens W. Über die Differenzierung verschiedener Käsearten auf biologischem Wege. 100. 28. 82.

Gara P. v. Eine Laboratoriumsinfektion mit Typhusbazillen. 107. 32. 105.

— und **Stickl O.** Bakteriologische Befunde im Wasser und beim Menschen nebst serologischen und klinischen Untersuchungsergebnissen anläßlich der Infektion einer Zentralwasserleitung mit B. proteus vulgare. 102. 29. 37.

Gegenbauer V. Über das Seymour-Jonessche Sublimat-Ameisensäure-Verfahren zur Desinfektion milzbrandiger Felle und Häute. 87. 18. 289.

— Zur Kenntnis der Ruhr des östlichen Kriegsschauplatzes. 88. 19. 219.

— Das saprophytische Wachstum von Milzbrandkeimen auf tierischen Haaren. 89. 20. 202.

— Studien über die Desinfektionswirkung des Sublimates. 90. 22. 23.

— Studien über die Desinfektionswirkung wässeriger Formaldehydlösungen. 90. 22. 239.

— und **Reichel H.** Die Desinfektion milzbrandiger Häute und Felle in Salzsäure-Kochsalzgemischen. 78. 13. 1.

Gehlen W., s. Knorr M.

Geldrich J., s. Farkas G.

Gelmann J. G. Klinische Beobachtungen an Bleikranken. 96. 26. 301.

Georgi F. und **Prausnitz C.** Zur Frage der Anpassung der Spirochaete pallida an das Gehirn: Der Einfluß des Nährbodens auf die Antigenstruktur. 103. 30. 173.

Geschke F. Die Blutkörperchensenkungsreaktion und ihre Bedeutung für den diagnostischen Tierversuch bei Tuberkulose. 94. 24. 237.

— und **Wohlfeil T.** Über die Bedeutung des Öffnungswinkels für die Beleuchtung von Schulplätzen. 97. 26. 234.

Gförer W., s. Lehmann K. B.

Gildemeister E., Hailer E. und **Heuer G.** Das Verhalten des Vakzine-virus gegenüber keimtötenden Stoffen. 103. 30. 132.

Gilges W., s. Wohlfeil T.

Ginader G. Über die Wirkungsweise verschieden bearbeiteter Kaffeearten. 106. 31. 147.

Glaser E. Über die Desinfektion von Fäkalien und städtischen Sielwässern, die Behandlung der letzteren mit Nitraten nebst Untersuchungen über die Zusammensetzung und Veränderungen des Kanalinhalts der Wiener Hauptsammler. 77. 13. 165.

— und **Frisch S.** Ein Beitrag zur Kenntnis der Wirkung technisch und hygienisch wichtiger Gase und Dämpfe auf den Organismus. Über gebromte Kohlenwasserstoffe der Fettreihe. 101. 29. 48.

Glück G. Über die hemmende und tötende Wirkung von Silbernitrat in Nährböden und Elektrolyten. 110. 33. 38.

Göhring G. Beiträge zur Morphologie und Biologie des Gonokokkus. 108. 32. 307.

— Rückäußerung zu vorstehender Arbeit des Herrn Dr. Milochevitch. 111. 34. 118.

Goldenberg A. M., s. Horowitz-Wlassowa L.

Goldenberg F. M., s. Horowitz-Wlassowa L.

Gonzenbach W. v. und **Klinger R.** Über eine Fleischvergiftungsepidemie, bedingt durch den Genuß verschiedener Fleischwaren. 73. 11. 380.

Gordonoff T. und **Zurukzoglu St.** Sind die cholesterinhaltigen Haarwässer ungefährlich? 109. 32. 361.

Gordonoff T. und **Zurukzoglu St.** desgl., Erwiderung auf die kritischen Bemerkungen von H. Steudel. 111. 34. 122.

— — Duplik. 111. 34. 124.

Gotschlich E. Experimentelle Untersuchungen über die Vererbung der natürlichen Empfänglichkeit bzw. Widerstandsfähigkeit weißer und grauer Mäuse gegenüber der Infektion mit Micrococcus tetragenus. 103. 30. 37.

Graßberger R. Krankheit, Fortschritt und Hygiene. 93. 23. 218.

— unter Mitwirkung von **Bauer K., Noziczka F.** und **Wödl E.** Zur Frage der Möglichkeit von Impfschädigungen durch prophylaktische Anwendung von Toxin-Antitoxin-Gemischen. 97. 26. 97.

Graziani A. Über die Wirkung dauernd verabreichter kleiner Chininmengen auf die Entwicklung des tierischen Organismus und dessen Neigung zu Infektionskrankheiten. Beitrag zum Studium der Prophylaxis der Malaria. 73. 11. 39.

Griesbach H. Beobachtungen über Blutdruck und dessen Verhalten bei Arbeiten in einigen gewerblichen Betrieben. 94. 24. 73.

Grilicheß R. K., s. **Grumbach A.**

Grögli A. Experimentelles über Sauerstoff- und Kohlensäuregrenzwerte in der Atmungsluft. 95. 25. 160.

Großmann H. Untersuchungen über die Bedeutung der spezifischen Entzündung für die Entstehung der Immunität bei experimenteller Kaninchensyphilis. 103. 30. 49.

Groth A. Über den Einfluß der beruflichen Gliederung des bayerischen Volkes auf die Entwicklung der Sterblichkeit und Fruchtbarkeit der letzten Jahrzehnte. 77. 13. 1.

Grube H. P. Bericht über Untersuchungen von Reflexstrahlen im Ultraviolett. 110. 33. 203.

— Über die Verwendbarkeit eines klimatologischen U.V.-Dosimeters als physikalisch-technisches Hilfsmittel. 112. 34. 9.

—, s. a. **Hötten K. W.**

Gruber M. Typhuserkrankungen in München durch eine Bazillenträgerin in Freising. 80. 13. 272.

Dem Andenken an Max v. Gruber. 98. 27. 145.

Grünberg F. Zur Frage der Bleikolik. 99. 28. 248.

Grünewald W. Über die Bedingungen der Ansiedlung körperfremder Bakterien im Verdauungsstraktus. 102. 29. 324.

Grumbach A. und **Grilicheß R. K.** Zur Epidemiologie der febris undulans. 109. 32. 147.

Guelmann J. Studien über Gießfieber an russischen Arbeitern. 95. 25. 331.

Günter A. Die Beeinflussung der Agglutination durch blanke Metalle (Ag u. Cu). 92. 24. 211.

Günther H. Über die Bedeutung der Sexualdisposition bei den Infektionskrankheiten. 96. 26. 125.

Gundel M. und **Blattner V.** Über die Wirkung des Honigs auf Bakterien und infizierte Wunden. 112. 34. 319.

— und **Linden H.** Experimentelle und epidemiologische Studien zum Influenzaproblem. 105. 31. 133.

— und **Schäfer O.** Über das Vorkommen und über die Pathogenese von Pneumonieepidemien. 108. 32. 94.

Gundermann K. Quantitative Staubbestimmungen in Fabriken. 100. 28. 174.

—, s. a. **Lehmann K. B.**

Gutschmidt H. Über die Sterilisierung von Verbandstoffen in durchsichtigen Hüllen und ihre hygienische Bedeutung. 108. 32. 328.
— Über die zweckmäßigste Bau- und Betriebsweise von Dampfdesinfektions-apparaten. 110. 33. 65.
György P., s. **Trawinski A.**

H.

Haag F. E. Die Tuberkulinreaktion bei aktiver und inaktiver Tuberkulose. 92. 24. 347.
— Über die Bedeutung von Doppelbindungen im Paraffin des Handels für das Wachstum von Bakterien. 97. 26. 28.
— Der Milzbrandbazillus, seine Kreislaufformen und Varietäten. 98. 27. 271.
— Die Zersetzung der Fette durch Bakterien. 100. 28. 271.
— und **Schlüter E.** Über Anthrakozidie. 107. 32. 108.
Haagen E., s. **Haendel L.**
Habs H. Zur Epidemiologie der menschlichen Infektionen mit Bact. abortus Bang. 102. 29. 315.
— Lufthygienische Anforderungen an den Bau von Hallenschwimmbädern. 104. 30. 358.
Haendel L. und **Haagen E.** Zur Frage der heterologen Tumortransplantation. 103. 30. 298.
Härtel F. Die Beurteilung von Obsterzeugnissen. 80. 13. 228.
Hahn K. F., s. **Mulzer P.**
Hahn M. Die Verbilligung der Leichenbestattung. Eine hygienisch-wirtschaft-liche Studie. 93. 23. 209.
Haidvogel M., s. **Hamburger F.**
Hailer E., s. **Gildemeister E.**
—, s. **Uhlenhuth P.**
Hamburger F. und **Haidvogl M.** Klinisch-experimentelle Untersuchung über die Diphtherie. 98. 27. 108.
Hammerl H. Die apparatlosen Formaldehyd-Raumdesinfektionsverfahren mit besonderer Berücksichtigung der Kalk-Schwefelsäuremethode. 80. 13. 334.
Hammerschmidt J. Studien zur Morphologie und Biologie der Trichophytiepilze. 90. 22. 1.
Hanauer. Alter, Geschlecht, Mortalität. 104. 30. 81.
Hanne R. Zur Frage des Frischezustandes der Eier. 100. 28. 9.
— Das Tropfverfahren bei der Formalin-Vakuum-Desinfektion. 112. 34. 349.
Hansen-Schmidt E. Maßanalytische Methoden der Wasseruntersuchung. 112. 34. 63.
Hartmann A., s. **Angerer K. v.**
Hasegawa, s. **Lehmann K. B.**
Hatziwassiliu, s. **Kaup J.**
Hauptmann W. Studien und experimentelle Untersuchungen über die Gram-Elektivität bakteriostatisch wirkender Substanzen. 108. 32. 20.
Haußmann A. Über bakteriozide Leukozytenstoffe. 95. 25. 69.
Hecker I. W. Konzentration der Wasserstoffionen im Speichel der Ätzer. 111. 5. 255.
— Die Viskosität des Speichels bei Arbeitern, welche die Öfen der Werke zu bedienen haben. 111. 34. 263.
— Die Zähne der Zementarbeiter. 112. 6. 303.
Hecker R. Studien über Sterblichkeit, Todesursachen und Ernährung Münchner Säuglinge. 93. 23. 280.

Heicken K. Die chemische und bakteriologische Prüfung von Füllstoffen aus Altmaterialien. 111. 34. 331.

Heim L. Über die säurebildenden Bakterien bei tiefer Zahnkaries. 95. 25. 154.

Heiserer G. Beiträge zur Kenntnis des Amylasegehaltes der Kuhmilch. 97. 26. 195.

Henninger E. Über die Bakterizidie der Milch. 97. 26. 183.

Herb O. Absorptionsversuche mit belebtem Schlamm. 100. 28. 112.

Hering W. Beziehungen zwischen Körperkonstitution und turnerisch-sportlicher Eignung. 100. 28. 154.

Hertz A., s. **Fretwurst F.**

Herzberg, K. Notwendigkeit, Wasserwerksangestellte fortlaufend bakteriologisch zu überwachen. 107. 32. 277.

Heß H. Die Bedeutung der Kapsel für die Virulenz des Milzbrandbazillus. 89. 20. 237.

Hesse E. Die Methoden der bakteriologischen Wasseruntersuchung unter besonderer Berücksichtigung des Nachweises mit dem Berkefeldfilter. 80. 13. 11.

— Über Paul Th. Müllers Schnellmethode der bakteriologischen Wasseruntersuchung. (Zur Erwiderung Müllers auf meine Arbeit: „Über die Verwendbarkeit der ‚Eisenfällung‘ zur direkten Keimzählung in Wasserproben".) 83. 14. 327.

Hettche H. O. Untersuchungen über die bakteriziden und anthrakoziden Bestandteile von Bacillus pyocyaneus und Bacillus prodigiosus. 107. 32. 337.

—, s. a. **Bachmann W.**

—, s. a. **Dresel E. G.**

Heuer G., s. **Gildemeister E.**

Heupke W. Über die Abhängigkeit der Menge des Kotstickstoffs von der Größe des Stuhlvolumens. 111. 34. 188.

— Bemerkungen zur Brotfrage. 108. 32. 341.

Hilgermann R. und **Marmann J.** Untersuchungen über die durch Gerbereien verursachten Milzbrandgefahren und ihre Bekämpfung; Nachprüfung der von Seymour-Jones und Schattenfroh vorgeschlagenen Desinfektionsmethoden milzbrandhaltiger Rohhäute. 79. 13. 168.

— und **Spranger.** Vergleichende Untersuchungen über die Brauchbarkeit des Skarschen Keimzählungsverfahrens zur Bestimmung des Bakteriengehaltes der Milch. 98. 27. 37.

Hilgers W. E. Über das Vorkommen des Bacillus lacticus bei Zahnkaries. 94. 24. 189.

—, s. a. **Selter H.**

Hill F., s. **Kliewe H.**

Hintze K. 100 Pneumonien und ihre Erreger. Zugleich ein Beitrag zur Frage der Rassen- oder Typenbildung bei den Pneumokokken. 94. 24. 163.

Hirschbruch und **Levy L.** Die Tiefenwirkung der Desinfektion mit Formaldehyddämpfen. 80. 13. 310.

Hirschfeld L. und **Klinger R.** Experimentelle Untersuchungen über den endemischen Kropf. 85. 16. 139.

—, s. a. **Dieterle Th.**

Hoder F., s. **Singer E.**

Hökl J., Petrov G. und **Krejĕi.** Ein experimenteller Beitrag zur Feststellung der Pathogenität von Streptokokkenstämmen krankhaft veränderter Kuhmilch für den Menschen. 107. 32. 309.

Hörhammer C. Untersuchungen über das Verhalten niederer Krustazeen gegenüber Bakterien im Wasser. 73. 11. 183.

Hoeßlin H. v. Klinische Eigentümlichkeiten und Ernährung bei schwerer Inanition. 88. 19. 147.
— Einfluß von Ernährungszustand, gewohnter Arbeitsleistung und Alter auf
die Höhe des Grundumsatzes. 99, 28. 83.
— Vergleich verschiedener Formeln zur Berechnung des Grundumsatzes. 99. 28. 91.
Hoffmann E. Historische Bemerkung zur Entdeckung der Syphilisspirochäte.
103. 30. 62.
Hofmann P. Über die Gültigkeit des Arndt-Schulzschen biologischen Grund-
gesetzes bei der Wirkung von Bakteriengiften. 91. 22. 231.
— und **Becher U.** Vergleichende Untersuchuugen über die hygienischen Eigen-
schaften der Kunstseide. 112. 34. 121.
Hofmann, s. **Süpfle K.**
Hofmann P., s. **Maurer E.**
Hohenadel M. Untersuchungen über Yoghurt mit besonderer Berücksichtigung
der Yoghurt-Trockenpräparate. 78. 13. 193.
— Morphologische und biologische Studien über Bacterium lactis commune.
85. 16. 237.
Holtzmann. Zur Frage des Verhaltens von Quecksilber im Körper. 106. 31. 377.
— „Zur Frage des Verhaltens von Quecksilber im Körper." 107. 32. 125.
Horowitz-Wlassowa L. Eine vereinfachte Methode der Bestimmung des Koli-
Titers eines Wassers. 96. 26. 262.
—, **Goldenberg A. M.** und **Goldenberg F. M.** Zur Frage der chemikosanitären
Wasseruntersuchung in bezug auf organische Stoffe. 98. 27. 234.
Huang L. P., s. **Dold H.**
Huber H. G. Untersuchungen über das Vorkommen der Gruber-Widalschen
Reaktion bei Nichttyphuskranken. 97. 26. 299.
Hurler K., s. **Schneider R.**

I.

Ilzhöfer H. Die Verunreinigung der Isar durch die Münchner Kanalwässer.
82. 14. 149.
— Beiträge zur Giftwirkung aromatischer Nitroverbindungen. 87. 18. 213.
— Über den Einfluß übertriebener Atmung auf den Gaswechsel. 88. 19. 285.
— Über den Gaswechsel nach ermüdender Muskelarbeit bei kalorienarmer Er-
nährung. 88. 19. 332.
— Über den Einfluß des Kohlensäuregehaltes der Inspirationsluft auf Atmung
und Gaswechsel. 89. 20. 223.
— Über den Einfluß des Trainings auf Grundumsatz und Arbeitsnutzeffekt.
93. 23. 1.
— Über den Einfluß der geistigen Arbeit auf den Energieverbrauch. 94. 24. 317.
— Über den Energieverbrauch beim Maschinenschreiben. 95. 25. 245.
— Versuche über Ernährung mit vegetabilischer Rohkost bei geistiger und
körperlicher Arbeit. 96. 26. 102.
— Vergleichende Untersuchungen über Schwefelkohlenstoff und Salforkose.
99. 28. 136.
— Über die Bestimmung des Trübungsgrades bei Wassern. 101. 29. 1.
— Untersuchungen über die Entlüftung durch die Kleider und ihre Öffnungen.
105. 31. 301.
— Über den Nachweis stattgehabter Erhitzung der Milch. 105. 31. 319.
— Untersuchungen über natürliche und künstliche Lüftung von Wohnräumen.
105. 31. 322.

Ilzhöfer H. und **Angerer K. v.** Über die Bedeutung der Diffusionsvorgänge für das Koloniewachstum. 96. 26. 237.
— und **Brack H.** Über den Einfluß verschiedenartiger Getränkezufuhr auf den Wasserhaushalt des Organismus bei Körperruhe und Arbeitsleistung. 109. 32. 20.
Ishiwara T. Eine leicht desinfizierbare Pumpenvorrichtung zur Entnahme von Wasserproben für bakteriologische und chemische Untersuchungen. 81. 13. 58.
Israelson S. und **Rosenbaum N.** Versuch einer physiologischen Beurteilung der Berufskleidung. 108. 32. 70.
Iwanoff N. Experimentelle Studien über den Einfluß technisch und hygienisch wichtiger Gase und Dämpfe auf den Organismus. Teil XVI, XVII, XVIII: Über einige praktisch-wichtige Aldehyde (Formaldehyd, Acetaldehyd, Akrolein). 73. 11. 307.

J.

Jaffé R. Säureagglutination und Normalagglutination der Typhus-Koli-Gruppe. 76. 12. 1.
— Beobachtungen bei blutlösenden und bei gramnegativen Streptokokken. 76. 12. 137.
— Variationen in der Typhus-Koli-Gruppe. 76. 12. 145.
Jakowenko W., s. Chlopin G. W.
Joachimoglu G. und **Klissiunis N.** Experimentelle Beiträge zur Frage der erregenden Wirkung von Kaffee und seiner Inhaltstoffe auf das Zentralnervensystem. 107. 32. 177.
Jötten K. W. Vergleichende Untersuchungen zwischen dem Vaginalbazillus Doederleins und dem Bac. acidophilus des Säuglingsdarmes. 91. 22. 143.
— Über Meningokokkentypen. I. Mitteilung. 94. 24. 174.
— Über Meningokokkentypen. II. Mitteilung. 95. 25. 263.
— und **Grube H. P.** Über eine neue Methode zur Bestimmung kleiner Staubmengen und zum Nachweis des Wirkungsgrades von Entstaubungsanlagen. 111. 34. 63.
— — Dauerregistrierung des Abkühlungseffektes. 109. 32. 311.
— und **Sartorius F.** Versuche einer chemotherapeutischen Beeinflussung der experimentellen Lungentuberkulose. 103. 30. 66.
—, s. a. **Uhlenhuth P.**
Jusbaschian A., s. Emmerich R.
Jusatz H. J. Die Verpflegung der Studierenden in der Marburger Mensa academica mit besonderer Berücksichtigung des Eintopfgerichts. (Zugleich ein Beitrag zur ernährungshygienischen Beurteilung von Massenspeisungen.) 109. 32. 269.
— Zur Prüfung gonokokkenabtötender Mittel in eiweißhaltiger Umgebung. 112. 34. 181.

K.

Kabrhel G. Zur Frage der Bedeutung des Bacterium coli in Trinkwässern. 76. 12. 256.
Kaeß A. Die Bestimmung der oxydablen Substanz im Wasser, Methodik und Beurteilung. 107. 32. 42.
Kagan E. Experimentelle Studien über den Einfluß technisch und hygienisch wichtiger Gase und Dämpfe auf den Organismus. XXXVI. Aceton. 94. 24. 41.
—, **Dolgin P., Kaplan P. M., Linetzkaja C. O., Lubarsky J. L., Neumann M. F., Semernin J. J., Strach J. S. und Spilberg P.** Physiologische Vergleichsuntersuchung der Hand- und Fließ-(Conveyer-)Arbeit. 100. 28. 335.

Kairies A. Beobachtungen an Influenza-Bazillenträgern und Darmausscheidern. 111. 34. 1.

Kaiser M. Über ein einfaches Verfahren, infektiöse Stühle zu desinfizieren. 78. 13. 129.

Kakizawa. Stoffwechselversuche mit Bananenmehl. 80. 13. 302.

— Kommt dem koffeinfreien Kaffee (Hag) eine diuretische Wirkung zu? 81. 13. 43.

Kalbfleisch H. und **Kalbfleisch E.** Über Typhus- und Paratyphusbazillen-Ausscheider in einem Altersheim. 110. 33. 191.

Kallert E. Die Hygiene des Gefrierfleisches. 93. 23. 187.

Kammann O. Die Entwicklung und Anwendung der Selbstreinigungsverfahren für Abwässer. 100. 28. 102.

Kanao R. Zur Desinfektionswirkung der Kresole. 92. 24. 139.

Kapeller. Verunreinigung der Lahn durch die Stadt Marburg. 101. 29. 81.

Kaplan P. M., s. **Kagan E.**

Katayama Seïdschi. Neue Versuche über die quantitative Absorption von Staub durch Versuchstiere. 85. 16. 309.

Kathe und **Königshaus.** Über die sogenannte Wasserkrankheit. 109. 32. 1.

Katz und **Schokitschi.** Über die M-Konzentration satzbildender Bakterien. 95. 25. 101.

Kaup J. Der Wert der Cholera- und Typhusschutzimpfungen nach den Kriegserfahrungen. 93. 23. 151.

—, **Balser I., Hatziwassiliu** und **Kretschmer J.** Kritik der Methodik der Wassermannschen Reaktion und neue Vorschläge für die quantitative Messung der Komplementbindung. 87. 18. 1.

Kawrza H. und **Lode A.** Über eine zur Versorgung der Heilanstalt Hochzirl erbaute Wassergewinnungsanlage aus einer Wildbachverbauungssperre. 111. 34. 75.

Keck A. Die Bedeutung der Tierindividualität und einiger anderer Faktoren für die spezifischen Qualitäten der Paratyphus-B-Antisera. 79. 13. 335.

Keim P., s. **Sieke F.**

Keins M. Über neuere Methoden des Tuberkulosenachweises. 82. 14. 111.

Keiser K. Beiträge zur Differenzierung der organischen Stoffe im Wasser. 100. 28. 40.

Kersten H. E., s. **Uhlenhuth P.**

Kesselkaul. Versuche über die Disposition während der verschiedenen Phasen des Genitalzyklus bei weißen Mäusen. 103. 30. 379.

Khreninger-Guggenberger J. v. Experimentelle Rezidive bei Bazillenträgern. 108. 32. 57.

— Psyche und Infektion. 109. 32. 333.

Kiefer K. H. Bakteriologische Untersuchungen über Papiergeld. 92. 24. 227.

Kigasawa T. Untersuchungen über Hefepopulationen. 99. 28. 196.

Kimura R. Beitrag zur Geruchsbeseitigung durch Lüftung. 91. 22. 183.

— Untersuchungen über Lysozymwirkungen im Tierkörper. 96. 26. 277.

Kindhäuser J., s. **Kliewe H.**

Kirch E. Über experimentelle Pseudotuberkulose durch eine Varietät des Bacillus Paratyphi B. 78. 13. 327.

Kirchner O. Bioskopische Reduktionsmethoden I. Der Wert der Nitroreduktionsmethode als absolut-quantitative Methode. 95. 25. 280.

— Bioskopische Reduktionsmethoden. II. Vergleichende Untersuchungen mit der Nitro- und der Methylenblau-Reduktionsmethode und ihre Verwendbarkeit für Stoffwechseluntersuchungen an Bakterien. 96. 26. 195.

Kißkalt K. Mangan in Wasserversorgungen der Rheinprovinz. 99. 28. 96.

— Untersuchungen über die Verunreinigung der Kieler Förde. 99. 28. 99.

— Epidemiologische Untersuchungen. IV. Zur Aufteilung der Diphtherie-pandemie des 19. Jahrhunderts in drei Seuchenzüge. V. Das Ansteigen der Diphtherie in den Rheingegenden im 19. Jahrhundert. 99. 28. 130.

— Probleme der psychischen Hygiene. 100. 28. 195.

— Laboratoriumsinfektionen mit Typhusbazillen und anderen Bakterien. II. Mitteilung. 101. 29. 137.

— Die Disposition des Darmes zu bakteriellen Erkrankungen in Abhängigkeit von Bakterienzahl und Schädigungsdosis. 101. 29. 205.

— Was ist naturreine Milch? 101. 29. 363.

— Dem Andenken an Max Rubner. 108. 32. 111.

— Zur Statistik des Bergsportes. 109. 32. 263.

— Die ersten Beurteilungen Robert Kochs durch die Schule Pettenkofers. 112. 34. 167.

— und **Knorr M.** Die Gefährdung von Diluvialquellen und ihre Untersuchung mit Uranin und Kochsalz. 103. 30. 349.

Kister J. Verbreitung von Typhus durch Abfallstoffe. 100. 28. 1.

Kittsteiner C. Sekretion, Kochsalzgehalt und Reaktion des Schweißes. 73. 11. 275.

— Weitere Beiträge zur Physiologie der Schweißdrüsen und des Schweißes. 78. 13. 275.

— Beitrag zum Kochsalz- und Wasserstoffwechsel des Menschen. 87. 18. 176.

Klaus L., s. **Marschak M.**

Kliewe H. und **Hill F.** Die Verunreinigung der Lahn bei Gießen. 106. 31. 221.

— und **Kindhäuser J.** Über die keimtötende Kraft der Kohlensäure. 110. 33. 211.

— und **Lang K.** Über den Keimgehalt von Mineralwässer. 105. 31. 124.

Klingenstein R., s. **Sachs H.**

Klinger R. Experimentelle Untersuchungen über den endemischen Kropf. 86. 17. 212.

—, s. a. **Dieterle Th., Gonzenbach W. v.** u. **Hirschfeld L.**

Klissiunis N., s. **Joachimoglu G.**

Klose. Die Gruber-Widalsche Reaktion bei typhusschutzgeimpften Franzosen und ihre Bewertung für die Diagnosestellung. 84. 15. 193.

Klostermann M. und **Scholta K.** Über Erfahrungen während des Krieges mit den statt Kupferkesseln zum Obsteinkochen verwendeten Gefäßen in gesundheitlicher Beziehung. 86. 17. 313.

— und **Weisbach W.** Über ein konstantes Grundantigen zur Serodiagnose der Syphilis. 94. 24. 247.

Knorr M. Die Anaërobenkultur. 101. 29. 257.

— Typhus-Morbidität und Typhus-Schutzimpfung. 101. 29. 369.

— Typhus und Trinkwasser. (Eine epidemiologische Studie über die Pforzheimer Typhusepidemie 1919). 102. 29. 10.

— Über die Herkunft des Paratyphus C in Deutschland. 105. 31. 237.

— Die qualitative Katgutuntersuchung. 105. 31. 355.

— Sozialhygienische Untersuchungen über den Typhusbefall der Wohnungen bei wechselndem Epidemiecharakter. 107. 32. 11.

— Fehlerquellen bei der Züchtung von Tuberkelbazillen. 108. 32. 181.

— Alte Beobachtungen über die sogenannte Wasserkrankheit. 112. 34. 217.

— und **Gehlen W.** Die Leistungsfähigkeit der Benzidinprobe zum Nachweis der Blutperoxydasen in bakteriologischen Nährmitteln. 94. 24. 136.

— und **Lenz F.** Über die Variabilität der Inkubationszeit des Typhus. 107. 32. 186.

Knorr M. und **Mukawa C.** Variabilitätsfragen im Paratyphusproblem. 100. 28. 309.

—, s. **Kißkalt K.**

Koch W. Zur Frage der hämatologischen Diagnosestellung bei Bleiwirkung. Vorschlag einer Standardfärbung der granulopolychromaten Erythrozyten. 94. 24. 306.

Kodama H. Die Differenzierung des Kaviars von anderen Fischrogen. 78. 13. 247.

Koelsch F. Die gewerbeärztliche Beurteilung der Arbeit an automatischen Webstühlen. 93. 23. 177.

—, **Lederer E.** und **Koelsch R.** Vergleichende Untersuchungen über die Giftigkeit von Sulfobleiweiß und Karbonatbleiweiß. 101. 29. 234.

Königshaus, s. **Kathe.**

Kollath W. Über die hygienische Bedeutung des Lichtes, insbesondere über den Verwendungsbereich ultraviolettdurchlässiger Fenstergläser in der Großstadt. 102. 29. 287.

Konrich. Untersuchungen über das „Neue Sterilisierprinzip" von Clemmesen 106. 31. 381.

Korenman J. M. Kolorimetrische Bestimmung von Amylalkohol- und Amylacetatdämpfen in der Luft. 109. 32. 108.

— Bestimmung geringer Azetonmengen in Gegenwart von anderen Stoffen. 112. 34. 235.

— und **Resnik J. B.** Furfurol als gewerbliches Gift und seine Bestimmung in der Luft. 104. 30. 344.

Korthof G., s. **Bijl J. P.**

Krahn H. Die spinale Kinderlähmung im Freistaat Sachsen in den Jahren 1923 bis 1927 unter besonderer Berücksichtigung der Epidemie im Jahre 1927. 101. 29. 65.

Kraszewski W. Kalk und Magnesia in der Nahrung der Arbeiterklassen in Warschau. 86. 17. 54.

Krause H. Über die Ausscheidung von Nitraten mit der Milch. 95. 25. 271.

Krejci, s. **Hökl J.**

Kretschmer J., s. **Kaup J.**

Krombholz E. Über Keimzählung mittels flüssiger Nährböden mit besonderer Berücksichtigung der Kolititerverfahren 84. 15. 151.

— Über Keimzählung mittels flüssiger Nährböden mit besonderer Berücksichtigung der Kolititerverfahren. II. Teil. 85. 16. 117.

— Über Keimzählung mittels flüssiger Nährböden mit besonderer Berücksichtigung des Kolititerverfahrens. 88. 19. 241.

— Bemerkungen über das Pirquetsche Ernährungssystem. 90. 22. 123.

Kuhn Ph. Zur Lehre von der Paragglutination. 86. 17. 151.

— und **Dombrowsky K. H.** Chemotherapeutische Untersuchungen mit Chinin-Weil bei der Vogelmalaria und der Pneumokokkeninfektion der weißen Mäuse. 108. 32. 188.

— und **Pietschmann K.** Untersuchungen über die südafrikanische Pferdesterbe. 103. 30. 310.

— s. a. **Philipp K.**

Kulka W. Studien zur Frage der fäkalen Ausscheidung darmfremder Bakterien. 82. 14. 337.

Kunike G. Die Wirkung von Ammoniak, Ameisensäure, Ammonchlorid, Schwermetallsalzen und Mineralgiften auf Fliegenbrut in Rinderkot. 97. 26. 90.

Kwasniewski. Zur Epidemiologie des Paratyphus-B im Felde. 88. 19. 310.

L.

Lang K. s. **Kliewe H.**

Lange L. s. **Uhlenhuth P.**

Lanner E. Die Bevölkerungsbewegung Nordtirols 1898—1922 und ihre Beziehungen zu Höhenlage und Sonne. 95. 25. 291.

— und **Schönsleben G.** Beiträge zur Kapselfrage beim Micrococcus tetragenus. 91. 22. 349.

Lapidus G. Studien über die örtliche Wirkung und die Hautresorption von Tetrachlorkohlenstoff und Chloroform. 102. 29. 124.

Lapinski A. Methoden zum Indolnachweis in Bakterienkulturen. 102. 29. 179.

Laub H. Über das Vorkommen von Pseudodiphtheriebazillen im Speichel von Menschen und die Frage der Umwandlung solcher Pseudodiphtheriebazillen in echte Diphtheriebazillen. 112. 34. 222.

Laubenheimer K. Vergleichende Untersuchungen über Chloramin-Heyden. 107. 32. 386.

— Bemerkungen zu vorstehender Entgegnung von Pels-Leusden. 107. 32. 391.

Lawrow J. N., s. **Lazarew N. W.**

Lazarew N. W. Zur Toxikologie des Benzins. 102. 29. 227.

—, **Brussilowskaja A. J., Lawrow J. N.** und **Lifschitz F. B.** Über die Durchlässigkeit der Haut für Benzin und Benzol. 106. 31. 112.

—, s. a. **Brüllowa L. P.**

Lebzelter V., s. **Brezina E.**

Lederer E., s. a. **Koelsch F.**

Lehmann H. Die Bedeutung der Lungenentzündung als Todesursache. (Ein Versuch zur Verwertung der vorliegenden statistischen Aufzeichnungen.) 95. 25. 40.

— Neue tierexperimentelle Untersuchungen über den Wert der basophil-granulierten Erythrozyten für die Frühdiagnose der Bleivergiftung. 96. 26. 321.

— Die Erzeugung basophil-granulierter Erythrozyten im Tierversuch durch feuchte Wärme. Ein Beitrag zur Bewertung der punktierten roten Blutkörperchen für die Frühdiagnose der Bleivergiftung. 99. 28. 181.

— Über das Vorkommen basophil-granulierter Erythrozyten im strömenden Blute Thüringer Zementarbeiter. (Zugleich ein Beitrag zur Frage der Gesundheitsverhältnisse in der Zementindustrie.) 99. 28. 256.

— Über das Vorkommen basophil-granulierter Erythrocyten beim Menschen ohne Bleieinwirkung als Ursache. 102. 29. 111.

— Weitere Betrachtungen über die Lungenentzündung als Todesursache. 102. 29. 203.

— Über den Wert der basophil granulierten Erythrozyten für die Frühdiagnose der gewerblichen Bleivergiftung. 111. 34. 49.

Lehmann H., Löwe F. und **Traenkle K. A.** Das Zeißsche Freiluftkonimeter. 112. 34. 141.

Lehmann K. B. Experimentelle Studien über den Einfluß technisch wichtiger Gase und Dämpfe auf den Organismus (XXXII/XXXIII) Amylazetat und Zyklohexanolazetat. 78. 13. 260.

— Experimentelle Studien über den Einfluß technisch und hygienisch wichtiger Gase und Dämpfe auf den Organismus (XXXIV und XXXV). Vergleichende Untersuchungen über die Giftigkeit von Terapin (Sangajol) und Terpentin. 83. 14. 239.

— Einige Worte über Gesundheitsstörungen bei den Teilnehmern an Versammlungen in geschlossenen Räumen. 91. 22. 283.

Lehmann K. B. Fütterungsversuche mit und ohne Saccharin an Mäusepaaren, zugleich ein Beitrag zum Studium der Frage minimaler Giftwirkung. 101. 29. 39.

— Vergleichende Untersuchungen über die Giftigkeit des Bleisulfats und des Bleiweiß. 101. 29. 197.

— Kritisches und Experimentelles über die Aluminiumgeschirre vom Standpunkt der Hygiene. 102. 29. 349.

— Die Teerstraßen vom Standpunkt der Hygiene. 104. 30. 105.

— Das Absterben von Eiterkokken auf Linoleum, Holz, Glas und Gummi unter Berücksichtigung von Licht und Temperatur. 106. 31. 1.

— Die neuesten Arbeiten über angebliche Schädigungen durch in Aluminiumgeschirren zubereitete Speisen. 106. 31. 336.

— Erfahrungen über die Methoden zur Herstellung eines Luftstroms von gleichmäßigem Gehalt an Giftgasen. 108. 32. 135.

— Gefährdet die Behandlung von geschmolzenem Aluminium mit „Alsanit" die Gesundheit der Arbeiter? 108. 32. 233.

— Studien über die Wirkung der Chloraniline und Chlortoluidine und des salzsauren 5 Chlor-2-Toluidins. 110. 33. 12.

— (Unter Mitwirkung von **Behr V., Würth, Quadflieg, Franz, Herrmann G., Knoblauch A.** und **Gundermann K.**) Experimentelle Studien über den Einfluß technisch und hygienisch wichtiger Gase und Dämpfe auf den Organismus (XVI—XXIII). Die gechlorten Kohlenwasserstoffe der Fettreihe nebst Betrachtungen über die einphasische und zweiphasische Giftigkeit ätherischer Körper. 74. 11. 1.

— und **Diem L.** Experimentelle Studien über die Wirkung technisch und hygienisch wichtiger Gase und Dämpfe auf den Menschen (XXX). Die Salpetersäure. 77. 13. 311.

— und **Gundermann K.** Neue Untersuchungen über die Bedeutung der Blausäure für die Giftigkeit des Tabakrauches. 76. 12. 98.

— und **Hasegawa.** Studien über die Wirkung technisch und hygienisch wichtiger Gase und Dämpfe auf den Menschen (XXXI). Die nitrosen Gase: Stickoxyd, Stickstoffdioxyd, salpetrige Säure, Salpetersäure. 77. 13. 323.

—, **Saito** und **Gförer W.** Über die quantitative Absorption von Staub aus der Luft durch den Menschen. 75. 12. 152.

—, **Saito J.** und **Majima H.** Über die quantitative Absorption von Flüssigkeitströpfchen als Grundlage von der Lehre der Tröpfchenintoxikation. 75. 12. 160.

— und **Scheible E.** Quantitative Untersuchung über Holzzerstörung durch Pilze. 92. 24. 89.

— und **Schmidt-Kehl** (unter Mitwirkung von **Keibel E., Levy F., Niggemeier K., Smitmans K.** und **Hasegawa**). Die Mono- und Dinitrophenole als gewerbliche Gifte; ihre Eintrittswege in den Organismus und die paradoxe Totenstarre bei fehlender Säurebildung. 96. 26. 363.

— Unter teilweiser Mitwirkung von **Süßmann Ph. O., Weindel F., Argus P., Benz P., Bundschuh A., Hetzel F., Jobs H., Sohler A.** und **Wenk P.** Experimentelle Beiträge zum Studium der chronischen Bleivergiftung. 94. 24. 1.

— und **Weil H.** Vergleichende Versuche über die Wirkung von Kaffee und Tee. 92. 24. 85.

— (Unter Mitwirkung von **Weißenberg R., Wojciechowski A. v., Luig** und **Gundermann.**) Experimentelle Studien über den Einfluß technisch und hygienisch wichtiger Gase und Dämpfe auf den Organismus (XXIV—XXIX). Die Kohlenwasserstoffe: Benzol, Toluol, Xylol, Leichtbenzin und Schwerbenzin. 75. 12. 1.

— (Unter Mitwirkung von **Zezschwitz W. v.** und **Ruf H.**) Aluminiumbestimmung und Aluminiumgehalt von Nahrungsmitteln. 106. 31. 309.

Lehrnbecher A. Beobachtungen beim Rudertraining. 81. 13. 1.

Leites R. Experimentelle Studien über gleichzeitige Wirkung von Wärme und Giftgasen auf den Organismus. 102. 29. 91.

Lendrich K. Die Bedeutung der Schädlingsbekämpfung mit Arsen und Bleiverbindungen in der Landwirtschaft für die Lebensmittelversorgung. 100. 28. 57.

Lenz F. Die Übersterblichkeit der Knaben im Lichte der Erblichkeitslehre. 93. 23. 126.

—, s. a. **Knorr M.**

Levy L., s. **Hirschbruch.**

Liang B. Neue Untersuchungen über Isohämagglutinine bei den Chinesen, insbesondere die geographische Änderung des Hämagglutinationsindex („biochemischen Rassenindex"). 94. 24. 93.

Liebers M. Über die neueren Anschauungen vom Wesen der Wassermannschen Reaktion. 80. 13. 29.

— Über Kieselsäurehämolyse. 80. 13. 43.

Liese W. Ergebnisse der Untersuchungen über die Verunreinigung der Kieler Förde in den Jahren 1926 und 1927. 99. 28. 111.

— Hauttemperaturmessungen am ruhenden und arbeitenden Menschen unter dem Einfluß schwacher Luftströme. 104. 30. 24.

— Beleuchtungsstärke, Kontrast und Sehschärfe. 104. 30. 156.

— Raumhygienische Untersuchungen aus dem Reichsgesundheitsamt. I. Mitteilung: Der Einfluß von Gittern und Vorhängen auf Luftströmungen. 106. 31. 209.

— Bakteriologische und biologische Versuche mit Benzoesäure und Benzoesäure-Derivaten. 110. 33. 355.

Lifschitz F. B., s. **Lazarew N. W.**

Li mei ling, s. **Dold H.**

Lind G. Kosers Harnsäure- und Zitratprobe und einige andere Methoden zum Nachweis fäkaler Kolibazillen im Wasser. 107. 32. 234.

Linden H. und **Schwarz F. K. Th.** Über die photodynamische Wirkung von Farbstofflösungen auf Bakterien bei Einwirkung des Phosphoreszenzlichtes. 106. 31. 133.

—, s. a. **Gundel M.**

Lindner H., s. **Weichardt W.**

Linetzkaja C. O., s. **Kagan E.**

Lipschitz W. Bioskopische Reduktions-Methoden. Bemerkungen zu den gleichnamigen Mitteilungen von O. Kirchner. 97. 26. 94.

Lode A. Über die Möglichkeit der Gewinnung von Trinkwasser aus den Dohlen der Talsperren der Wildbachverbauung. 82. 14. 212.

— Über das thermische Verhalten hygroskopischer Körper im wasserdampfreichen Raume. Ein Beitrag zur Theorie der Dampfdesinfektion. 91. 22. 41.

— Hemmung und Bakteriophagenwirkung beim Bacillus pyocyaneus. 93. 23. 267.

— und **Burtscher J.** Über das Verhalten der Alkalireserve bei Abkühlungen (Versuche an Kaninchen). 102. 29. 304.

Lode G. Über eine Abänderung des Chronerschen Verfahrens, Mangan im Trinkwasser nachzuweisen. 97. 26. 227.

Loele W. Über die Technik von Massenuntersuchungen auf die Gruber-Widalsche Reaktion. 80. 13. 56.

Loew O. Über Atomumlagerungen bei physiologischen Vorgängen. 84. 15. 215.

— Über die Giftwirkung der Pyro- und Metaphosphorsäure. 89. 20. 130.

—, s. a. **Emmerich R.**

Loghem J. J. van. Antigene Struktur und Spezifität. 101. 29. 308.

Lorentz F. H. Ein neuer Apparat zur Blutdruckmessung. 100. 28. 149.

Lorentz H. Zur Prüfung der Atmungsleistung. 104. 30. 378.

Lotze H. Über Adhäsion und Desinfektion und deren graphische Registrierung. 105. 31. 35.

—, s. a. **Dresel E. G.**

Lubarsky J. L., s. **Kagan E.**

Lübimowa M. P., s. **Brüllowa L. P.**

Lubinski H., s. **Bresler F.**

Lütkens W. Experimentelle Studien über die gleichzeitige Wirkung von Arbeit und Giftgasen auf den Organismus. 98. 27. 59.

Lukanin W. P. Zur Pathologie der Chromat-Pneumokoniose. 104. 30. 166.

M.

Mader A. und **Eckhard E.** Der Wirkungsbereich der Rachitisbekämpfung. 111. 34. 362.

Mahla C. A. Die Verunreinigung des Schwimmhallenwassers durch Urin. 110. 33. 231.

Mahnkopf R. Versuche über Disposition zur Tuberkulose durch fieberhafte Erkrankung anderer Ursache. 112. 34. 263.

Majer G. Bakteriophagen. Untersuchungen an Kolibakterien der Kuh. 98. 27. 193.

Majima H., s. **Lehmann K. B.**

Manigold K. Über die überlebenden Bazillen in Sterilisationsproben. 112. 34. 315.

Manteufel P. und **Zantop H.** Untersuchungen über die Immunitätsreaktionen der Antisera gegen kochkoagulierte Blutzellen. 103. 30. 75.

Marmann. Untersuchungen über den diagnostischen Wert des bakteriziden Reagenzglasversuches bei Typhus. 76. 12. 77.

— Beiträge zur Bedeutung der Muchschen Granula im Sputum Tuberkulöser. 76. 12. 245.

— Über das Verhalten der bakteriziden Immunkörper im Blutserum nach der Typhusschutzimpfung. 87. 18. 192.

—, s. a. **Hilgermann R.**

Marschak M. und **Dukelsky O.** Untersuchungen über die Wärmeregulation. II. Mitteilung: Über die Wirkung hoher Umgebungstemperaturen auf den physikalischen Zustand des Blutes und auf die Wärmeregulation bei Menschen in Verbindung mit Wasser- und Kochsalzaufnahme. 101. 29. 325.

— und **Klaus L.** Untersuchungen über die Wärmeregulation. I. Mitteilung: Über die Wirkung der Wasser- und Kochsalzaufnahme auf den Kochsalzgehalt im menschlichen Schweiß und Blut bei hoher Umgebungstemperatur. 101. 29. 297.

Maugeri S. Das Schicksal der auf die oberen Luftwege gelangten Bakterien. 111. 34. 271.

Maurer E. und **Hofmann P.** Untersuchungen über die antibakterielle Resistenz experimentell-rachitischer Ratten. 100. 28. 367..

Mayer O. Beiträge zur Ermittlung des Zuckers im Harn; eine Schnellmethode. 88. 19. 184.

Mayr K. Die Bedeutung der Kapsel für die Virulenz der Sarcina tetragena. 91. 22. 209.

Messerschmidt Th. Die Wasserversorgung der Truppe im Kriege. 88. 19. 93.

Meyer L. G. Über Luftverunreinigung durch Kohlenoxyd, mit besonderer Berücksichtigung einiger weniger bekannter Quellen derselben. 84. 15. 79.

Michaelis L., s. **Rauch H.**

Milochevich S. Bemerkung zur Arbeit „Beiträge zur Morphologie und Biologie des Gonokokkus" des Herrn Gerhard Göhring, in dieser Zeitschrift, Bd. 108, S. 307—327, 111. 32. 113.

Möllers B. Beitrag zur Epidemiologie der Weilschen Krankheit. 89. 20. 341.

— Die Tuberkulosegesetzgebung im Deutschen Reich und ihr weiterer Ausbau. 103. 30. 84.

Mohr W. Weitere Untersuchungen über den Bakterienantagonismus innerhalb der gleichen Arten. 111. 4. 197.

Mohorčic H. Über den Verlauf der beim Backen des Brotes entstehenden Umsetzungen. 86. 17. 241.

— Die Zusammensetzung der Früchte von Arbutus Unedo L. 86. 17. 248.

— Über das Verhalten einiger chemischer Substanzen bei der Milchkonservierung. 86. 17. 254.

— Die Verwendung von Äpfeln und Birnen zur Streckung des Brotes. 88. 19. 56.

— und **Prausnitz W.** Die Verwendung des Holzes zur Herstellung von Kriegsbrot. 86. 17. 219.

Motoi Hasegawa. Über das Verhalten verschiedener Wassertiere zum Sauerstoffgehalt des Wassers nebst Beobachtungen über die Bedeutung der Hautatmung bei Amphibien und Insekten. 74. 11. 194.

Mrugowsky J. Versuch einer Entwicklungsgeschichte des Gelbfiebers. 111. 34. 104.

Müller A. Beiträge zur Beurteilung der Empfindlichkeit der Sauerstoffzehrung und ihrer Beeinflussung durch Plankton und Detritus. 89. 20. 135.

—, s. **Süpfle K.**

Müller Alfred. Die Resistenz der Milzbrandsporen gegen Chlor, Pickelflüssigkeit, Formaldehyd und Sublimat. 89. 20. 363.

Müller M. Die Herkunft der Lehre Sydenhams von den tellurischen Ursachen der epidemischen Konstitution. 104. 30. 367.

Müller F., s. **Thoms H.**

Müller H., s. **Seiser A.**

Müller P. Th. Über eine neue, rasch arbeitende Methode der bakteriologischen Wasseruntersuchung und ihre Anwendung auf die Prüfung von Brunnen und Filterwerken. 75. 12. 189.

— Über die Wirkung des Blutserums anämischer Tiere. 75. 12. 290.

— Über die Rolle der Protozoen bei der Selbstreinigung stehenden Wassers. 75. 12. 321.

— Bakteriologische Untersuchungen bei Flecktyphus. 81. 13. 307.

— Über meine Schnellmethode der bakteriologischen Wasseruntersuchung. (Zugleich Erwiderung auf die Arbeit von E. Hesse „Über die Verwendbarkeit der ‚Eisenfällung‘ zur direkten Keimzählung in Wasserproben".) 82. 14. 57.

— Bemerkungen zu der Arbeit von Stabsarzt Dr. E. Hesse: „Über Paul Th. Müllers Schnellmethode der bakteriologischen Wasseruntersuchung." 84. 15. 146.

Müller W. Physikalisch-chemische Bestimmungen über die Entstehung und Vermeidung des Leichenwachses auf Friedhöfen. Das Prinzip der künstlichen Sargventilation. 83. 14. 285.

Muhiddin A. Der Vitamingehalt getrockneter Feigen und Datteln. 107. 32. 219.

Mukawa C., s. **Knorr M.**

Mulzer P. und **Hahn C. F.** Zur experimentellen Mäuse- und Meerschweinchen-Syphilis. 103. 30. 95.

Murabito C. und **Seiser A.** Einfluß der Züchtungstemperatur auf die Morphologie und die Vermehrungsgeschwindigkeit von Bacterium coli. 107. 32. 290.

N.

Nachtigall G. Erfahrungen bei der Chlorung von Oberflächenwasser bei niedrigen Temperaturen. 100. 28. 25.

— und **Bayer M.** Einfluß und Beseitigung organischer Stoffe bei der kalorimetrischen Eisenbestimmung im Wasser. 100. 28. 35.

— und **Raeder F.** Beitrag zur Frage der volumetrischen Sulfatbestimmung im Wasser nach der Baryumchromatmethode. 100. 28. 31.

Nakamura O. Die Hemmung der Bakteriophagenwirkung durch Gelatine. 92. 24. 61.

Nakano H. Untersuchungen über den Staphylococcus pyogenes. 81. 13. 92.

Necke A., s. **Seiser A.**

Nehring E. Über Inhalation von Bleistaub. 91. 22. 301.

Nerlich G. Durchfälle als Vorläufer von Typhuserkrankungen. 110. 33. 111.

— Über Doppelbefunde von Typhus- und Paratyphusbazillen und ihre Bedeutung für die Aufklärung von Epidemien. 112. 34. 1.

Neufeld F. und **Etinger-Tulcynska R.** Untersuchungen zur Gallenlösung der Pneumokokken. 103. 30. 107.

Neumann M. F., s. **Kagan E.**

Neumann O. Wird die Ausnutzung des Nahrungseiweißes durch Saccharin beeinflußt? 96. 26. 265.

Neumann R. O. Über die Cholerabekämpfung in Rumänien. 84. 15. 1.

— Bemerkungen zu der Erwiderung von W. A. Uglow auf meine Arbeit: ,,Wird die Ausnutzung des Nahrungseiweißes durch Saccharin beeinflußt?'' 97. 26. 275.

— Die Sojabohnen und ihre Verwertung im Organismus. Nach Stoffwechselversuchen am Menschen. 99. 28. 1.

Nickl Ph. Über das Wirkungsbereich der Alexine im Blutserum der Haustiere. 89. 20. 355.

Niedergesäß K. Anatomische, bakteriologische und chemische Untersuchungen über die Entstehung der Zahnkaries. 84. 15. 220.

Nikolai F. Über die Wasserversorgung mittels Zisternen. 86. 17. 318.

— Zur Bestimmung der organischen Substanz im Meerwasser. 86. 17. 338.

— Über die Wasserversorgung mittels Zisternen. Erwiderung zu ,,Einige Bemerkungen'' von Dr. J. D. Ruys (Haag, Holland). 88. 19. 90.

Nißle A. Theoretische Erwägungen über die Beziehungen zwischen Parasit und Krankheit unter besonderer Berücksichtigung der progressiven Paralyse. 93. 23. 258.

— Über die Bedeutung bakteriologischer Stuhluntersuchungen bei nichtinfektiösen Darmkrankheiten. 103. 30. 124.

Nottbohm F. E. Durchführung einer 21 tägigen Milchkontrolle während einer vollen Laktationsperiode. 100. 28. 65.

Noziczka F. Über das Verhalten von Triolin und Linoleum als Fußbodenbelag hinsichtlich der Abgabe von gesundheitsschädlichen Substanzen an die Raumluft. 97. 26. 47.

— s. **Graßberger R.**

Nuck. Experimentelle Untersuchungen über Schallisolierung bei Decken und Wänden im Hausbau. 103. 30. 189.

Nußbaum H. Chr. Untersuchungsergebnisse des Ziegelbaues. 100. 28. 165.

O.

Oehlschlägel L. Über Abtötung von Bakteriensporen durch Licht. 91. 22. 177.

Ogait A., s. **Bachmann W.**

Okuda S., s. **Bail O.**

Okunewski J. L. Über die Arbeiten der Pianisten. 94. 24. 143.

—, s. a. **Chlopin G. W.**

Okura G. Über die Pneumokokken bei Meerschweinchen und Kaninchen. 111. 34. 243.

Olin G. Zur Frage nach der Verbreitungsweise des Abdominalthyphus. 108. 32. 221.

Oßwald L. und **Schönmehl L.** Die Gruber-Widalsche Reaktion bei Geisteskranken. 108. 32. 348.

Otto A. Über den Wert der Müllerschen Ballungsreaktion für die Serodiagnose der Syphilis. 100. 28. 94.

Otto R. Weitere Beiträge zur Serumtherapie bei Bissen europäischer Ottern. 103. 30. 165.

P.

Pagels J., s. **Schwarz L.**

Paneth L. (Unter Mitarbeit von **Schwarz F.**). Agglutinations-Studien bei Fleckfieber. 86. 17. 63.

Partiš J. Die quantitative Bestimmung des Bacterium coli commune im Wasser. 79. 13. 301.

Pasch C. Beziehung des Scheidensekretes zur Vaginalflora bei Menschen und Tieren. 91. 22. 158.

Paul F., s. **Epstein E.**

Pels Leusden F. Vergleichende Untersuchungen über Chloramin-Heyden („Clorina") und Sagrotan. 105. 31. 229.

— Entgegnung auf vorstehende Bemerkungen von Prof. Laubenheimer. 107. 32. 388.

— Schlußbemerkungen. 107. 32. 394.

— Gefahren beim Hantieren mit hochevakuierten Gefäßen und ihre Verhütung. 110. 33. 61.

Pesch K. Trichophytie als Gewerbekrankheit. 92. 24. 329.

— Neue Methoden der Großstadtstaubbestimmung. 102. 29. 333.

— Mikroskopische Staubbestimmung in Räumen. 105. 31. 61.

— und **Siegmund H.** Untersuchungen über den Erreger der Psittakosis. 105. 31. 1.

— Beitrag zur Frage der Diphtheriegiftentstehung. 101. 29. 386.

Petrov G., s. **Hökl J.**

Petrowskij J. N., s. **Wolynskij A. S.**

Pfeiler O. Über den Einfluß intravenöser Proteinkörperzufuhr auf die Bakterizidie des Normalserums. 91. 22. 217.

Pfeiler W. Über das Vorkommen der Rotlauf- bzw. Murisepticus-Bazillen in der Außenwelt und eine dadurch bedingte Fehlerquelle bei der bakteriologischen Rotlaufdiagnose. 88. 19. 199.

Pfrieme F. Über den normalen und pathologischen Bleigehalt der Zähne von Menschen und Tieren. 111. 34. 232.

Philipp C. und **Kuhn Ph.** Über die Gewinnung von neuen Desinfektionsmitteln aus Thymol und Carvacrol. 105. 31. 15.

Pietschmann K., s. **Kuhn Ph.**

Pirc J. Ein neuer Typus einer Saugpipette für serologische Reaktionen, besonders für die Wassermannsche Reaktion. 91. 22. 253.

Plochmann E., s. **Rimpau W.**

Poller M. Beiträge zur Kenntnis des Lidschlags. 100. 28. 245.

Poppe K. Über die Frage der Ubiquität der Paratyphusbazillen in Nahrungsmitteln. 80. 13. 216.

Potz F. Ernährungsversuche bei geistiger und körperlicher Arbeit. 94. 24. 329.

— Bakteriologische Stuhluntersuchungen bei einer Ernährung mit rohen Vegetabilien. 96. 26. 122.

Prausnitz C. Untersuchungen zur Epidemiologie des Typhus. 96. 26. 352.

— s. a. **Georgi F.**

Prausnitz W. Über den Bau von Wohnbaracken. 86. 17. 308.

— Über die Durchlüftbarkeit (Querlüftung) der Wohnungen. 88. 19. 1.

— nach Untersuchungen von **Mohorčič H.** Die Samen der Roßkastanie als Brotstreckungsmittel. 88. 19. 49.

Prica M. und **Zuk A.** Untersuchungen über die Desinfektionswirkung von Carvaseptpräparaten mit Berücksichtigung verschiedener Keimträger und Medien. 110. 33. 335.

Putter E. Untersuchungen über das kapillare Steigvermögen der Bakterien im Filtrierpapier. 89. 20. 71.

R.

Rabinowitsch M. Über die Empfänglichkeit der Ferkel für Flecktyphus. 78. 13. 186.

Raeder F., s. **Nachtigall G.**

Rammstedt O. Die chemische Zusammensetzung einiger Maismahlprodukte und die Verdaulichkeit ihrer Stickstoffsubstanzen in Pepsin-Salzsäure, verglichen mit der Verdaulichkeit der Stickstoffsubstanzen verschiedener anderer Zerealien und Leguminosen. 81. 13. 286.

Rasp C., s. **Seiffert G.**

Rauch H. und **Michaelis L.** Über die nach Inhalation von Bleistaub auftretende Veränderung des Blutbildes. 91. 22. 293.

Reich H. W. Über den Einfluß des Alkoholgenusses auf Bakterizidie, Phagozytose und Resistenz der Erythrozyten beim Menschen. 84. 15. 337.

Reich R. Der Käse als Nahrungsmittel und seine Beurteilung vom Standpunkt des Nahrungsmittelchemikers. 80. 13. 169.

Reichel H. und **Rieger H.** Die Ausgleichs- und Fehlerrechnung bei Desinfektionsversuchen. 98. 27. 23.

—, s. a. **Eidherr A.**

—, s. a. **Gegenbauer V.**

Reiter R. Über die Gewinnung resistenter Milzbrandsporen. 89. 20. 191.

Remy E. Zur Chemie des Leichenwachses unter besonderer Berücksichtigung der Anaphylaxie. 96. 26. 311.

— Vergleichende Untersuchungen über fleisch- und vitaminhaltige Hefeextrakte unter besonderer Berücksichtigung der chemisch-physiologischen sowie bakteriologisch-serologischen Verhältnisse. 101. 29. 27.

— Zur Beurteilung des Phosphorsäureions bei Verschmutzung von Abwässern, Fluß- und Badewässern. 101. 29. 366.

— Über den Nährwert der in der Mensa academica Freiburgs verabfolgten Speisen unter Berücksichtigung der biologisch wichtigen Nährfaktoren. 103. 30. 206.

— Beitrag zur Kenntnis der Sulfitablauge als Staubbindemittel. 105. 31. 97.

Remy E. Über die Beständigkeit des Antiskorbutins (Vitamin C) und seine Beziehungen zum natürlichen Kupfergehalt in Konserven. 107. 32. 139.

— Zur Frage der hygienischen Beurteilung chlorierter Badewässer. 112. 34. 14.

— und **Schreiber W.** Vergleichende biologische und chemische Untersuchungen von deutschem Heeresbrot, Roggenvollkornbrot und Weißbrot zur Feststellung ihrer biologischen Wertigkeit bei Ratten. 110. 33. 164.

— und **Zimmermann E.** Experimentelle Studien über die Einwirkung von Kupferstaub auf den tierischen Organismus unter besonderer Berücksichtigung der gewerbehygienischen Verhältnisse. 105. 31. 202.

—, s. a. **Uhlenhuth P.**

Reploh H. Stoffwechselveränderungen bei chronischer Kohlenoxyd-Inhalation. 107. 32. 283.

Resnik J. B., s. **Korenmann J. M.**

Rieger H. und **Trauner R.** Über die Wirkung des Wasserstoffsuperoxyds auf aerobe Sporenbildner. 98. 27. 176.

—, s. a. **Reichel H.**

Ries M. Das Toxinbildungsvermögen der Paratyphusbazillen und seine Beziehungen zur Pathogenität. 99. 28. 209.

Rimpau W. Die Unzuverlässigkeit der Agglutinationsreaktion bei der Diagnose der Paratyphus-B-Bazillen. 76. 12. 313.

— Die Regelung der Maßnahmen gegen Typhusbazillenträger durch das Reich. 93. 23. 62.

—, **Plochmann E.** und **Schneider G.** Untersuchungen über Emulgierung und keimtötende Wirkung. 107. 32. 268.

Roček J. Beitrag zur Kenntnis der Bildung der Immunpräzipitine im Tierkörper. 82. 14. 321.

— Beitrag zur Kenntnis des Bact. Paratyphi A. 86. 17. 147.

— Immunisationseffekt der kleinen Typhusimpfstoffgaben bei den Wiederimpfungen. 87. 18. 170.

Rodenbeck H. Über die thermische Sterilisation wasserfreier Stoffe und die Resistenz einiger Bakterien bei Erhitzung in solchen Stoffen 109. 32. 67.

Römer Paul. 85. 16. 299.

Rosebrock J. Das Wandern der Masern im Binnenland. 104. 30. 72.

Rosenbaum N., s. **Israelson S.**

Rosenkranz H. Untersuchungen über die praktische Verwertbarkeit der oligodynamischen Wirkung der Kupfersalze auf Bakterien. 89. 20. 253.

Rosenthal E. Experimentelle Studien über die Vermehrungsgeschwindigkeit einiger pathogenen Mikroorganismen. 81. 13. 81.

Rost E. und **Wolf G.** Zur Frage der Beeinflussung der Nachkommenschaft durch den Alkohol im Tierversuch. 95. 25. 140.

Rubner M. Über moderne Ernährungsreformen. 81. 13. 179.

— Notiz über die Zersetzung von Fetten im Boden. 91. 22. 290.

— Physiologische Betrachtungen über die Salze der menschlichen Kost. 104. 30. 268.

— Die organischen Nährstoffe und die Nahrungsmittelanalyse. 104. 30. 288.

— und **Schulze.** Das „belegte Brot" und seine Bedeutung für die Volksernährung. 81. 13. 260.

Rubritius H. Über die Wirkung der Meerschweinchenleukozyten auf verschiedene Proteusstämme. 74. 11. 211.

Ruf H. Die oligodynamische Wirkung der Metalle durch Luftschichten. 112. 6. 333.

Ruge H. Das Verhalten der Lufttemperatur und Luftfeuchtigkeit auf einem modernen Kreuzer in den Tropen. 108. 32. 251.

Rullmann W. Über den Enzym- und Streptokokkengehalt aseptisch entnommener Milch. 73. 11. 81.

Rupp H. Die Prüfung von Hammelblutkörperchen, zugleich ein Beitrag zur Bleivergiftung am Tier. 99. 28. 165.

—, s. a. **Angerer K. v.**

Rutschko J. Experimentelle Dysenterie bei Hühnern und Katzen. 109. 32. 231.

Ruys J. D. Über die Wasserversorgung mittels Zisternen. 87. 18. 205.

Růžička V. Über die natürliche Schutzkraft in Entwicklung begriffener Hühnereier. 77. 13. 369.

S.

Sachs H. Zur physikalischen Theorie der Anaphylatoxinbildung. (Historische Bemerkungen zu der Arbeit von H. Dold: „Anaphylatoxin, charakterisiert durch eine eigenartige Flockungsphase der Serumglobine.") 89. 20. 322.

— und **Klingenstein R.** Über die Thermolabilität der Antikörperfunktionen bei der Komplementbindung und Ausflockung. 103. 30. 221.

Sage A. Über Autoinfektion einer an Darmtuberkulose erkrankten Typhusbazillenträgerin als Ursache mehrerer Kontaktinfektionen. 80. 13. 250.

Saito J., s. **Lehmann K. B.**

Saleck W. Zur Frage der Menschenubiquität des Diphtheriebazillus. 98. 27. 32.

— Das rote Blutbild der Zementarbeiter. 99. 28. 60.

— Wie verhalten sich reinrassige weiße Mäuse und F_1-Bastarde aus der Kreuzung von reinrassiger weißer Maus mit reinrassiger grauer Hausmaus in ihrer Empfänglichkeit gegenüber Milzbrandbazillen. 110. 33. 133.

Salus G. Untersuchungen zur Hygiene der Kuhmilch (I). 75. 12. 353.

— Versuche über den Ursprung und die Möglichkeit quantitativer Auswertung der Aldehydkatalase der Kuhmilch (II). 75. 12. 371.

Sander F. Einige Vorschläge für Schutzvorrichtungen in bakteriologischen Laboratorien. 112. 34. 342.

Sanders J. Einige Bemerkungen über die monatliche Geburtenzahl. 95. 25. 365.

Sanfelice F. Der Antagonismus des Milzbrandbazillus gegenüber dem „Bacterium coli". 110. 33. 348.

Sartorius F. Zur Selbstbereitung von einwandfreiem Trinkwasser. 105. 31. 48.

— Versuche zur Registrierung des Abkühlungseffektes auf direktem, manometrisch-elektrischem Wege. 109. 32. 324.

— und **Derks J.** Über Einrichtung und Arbeitsweise einer neuen Apparatur zur Messung der Luftkohlensäure mittels der elektrischen Leitfähigkeit. 110. 33. 322.

— und **Sudhues M.** Studien bei experimenteller chronischer Benzolvergiftung. 110. 33. 245.

—, s. a. **Jötten K. W.**

Schad G. Die Agglutination als ein Hilfsmittel zur Identifizierung farblos gewordener Prodigiosuskeime. 104. 30. 99.

— Über Disposition zu Typhus. 105. 31. 272.

Schäfer O., s. **Gundel M.**

Schafranowa A. S. Versuch einer Beurteilung verschiedener Lichtfilter bei industriellen Strahlungsquellen. 112. 34. 245.

Scharlau B. Über das Keimtötungsvermögen eines neuen Kresolseifenpräparates (Geroxyl) und anderer Seifen (u. a. Persil). 102. 29. 1.

Scharlau B. Über Veränderungen im roten Blutbild bei Gewerbestaub-Inhalation im Tierexperiment. 102. 29. 133.

Scheer K. Über die keimtötende Wirkung des Magensaftes auf die Bazillen der Typhus-Koli- und der Ruhrgruppe. 88. 19. 130.

Scheible E., s. **Lehmann K. B.**

Schern K. Beiträge zur praktischen Verwertung der Anaphylaxie. 81. 13. 65.

— Bemerkung zu der Arbeit von Dr. Heinz Zeiß im 82. Bd. dieser Zeitschrift „Über einige bei Tierkrankheiten gefundene Erreger aus der Gruppe der hämorrhagischen Septicämie". 83. 14. 74.

Scheunemann K. Untersuchungen über das Vorkommen von Tetanusbazillen im Stuhl nicht tetanuskranker Menschen. 105. 31. 287.

Schirmer U. Weitere Beiträge zur Typendifferenzierung bei Pneumokokken-erkrankungen mit besonderer Berücksichtigung der während einer Grippe-epidemie beobachteten Pneumokokkeninfektionen. 112. 34. 188.

Schlüter E., s. **Haag F. E.**

Schmerl E., s. **Seidenberg S.**

Schmid G. Über die systematische Stellung der Spirochäten. 91. 22. 339.

Schmidt F. Die aktuelle Reaktion bei beginnender Fleischfäulnis. 100. 28. 377.

Schmidt G. W. Der Einfluß der Temperatur auf das Chlor im Wasser. 101. 29. 290.

Schmidt H. und **Scholz W.** Studien zur Kenntnis der Eigenschaften von Diphtherie-Toxin-Antitoxin-Gemischen. I. Die Beziehung zwischen der Neutralisation in vivo (Lo) und der Neutralisation in vitro (Lf) bei Diphtheriegiften. 95. 25. 308.

— — Studien zur Kenntnis der Eigenschaften von Diphtherie-Toxin- und Antitoxin-Gemischen. II. Über den Einfluß der Temperatur und des Lagerns auf Diphtherie-Toxin-Antitoxin-Gemische. 95. 25. 339.

— Studien zur Kenntnis der Eigenschaften von Diphtherie-Toxin-Antitoxin-Gemischen. III. Die Beziehung der direkten Giftwirkung des Diphtherie-toxins zu seiner Bindungsfähigkeit mit Antitoxin. Zugleich ein Beitrag zur Vorstellung über die Natur des Diphtherietoxins. 96. 26. 172.

— — Studien zur Kenntnis der Eigenschaften von Diphtherie-Toxin-Antitoxin-Gemischen. IV. Die Bedeutung der Zone bei der Ausflockung von Di-AT-Gemischen. 96. 26. 185.

— — Studien zur Kenntnis der Eigenschaften von Diphtherie-Toxin-Antitoxin-Gemischen. V. Die immunisierende Wirkung der bei der Diphtherie-Toxin-Antitoxinbindung auftretenden Flocken. 96. 26. 251.

— — Studien zur Kenntnis der Eigenschaften von Diphtherie-Toxin-Antitoxin-Gemischen. VI. Zur Kenntnis des Flockungsvorganges in DI-T.A.-Gemischen. 96. 26. 294.

Schmidt L. Zur Gewerbehygiene des Baumwollspinnereiberufs. 94. 24. 105.

Schmidt P. Studien über das Komplement. 76. 12. 284.

— Physikalisch-chemische Untersuchungen über die Serum-Agglutination. 80. 13. 62.

— Über ein Verfahren der Entgiftung bleihaltigen Leitungswassers. 80. 13. 70.

— Weitere Erfahrungen über die Brauchbarkeit des Berkefeldfilters zur Entgiftung bleihaltigen Leitungswassers. 82. 14. 351.

— und **Barth E.** Über die Bedeutung des Lungenödems beim anaphylaktischen Schock des Meerschweinchens. 94. 24. 209.

Schmidt-Kehl L. Der Blutumsatz bei chronischer Bleivergiftung. 98. 27. 1.

— Die Bedingungen für die Grenzen der Arbeitsleistung des Menschen. 100. 28. 226.

Schmidt-Kehl L. Der Formwechsel der Sarzinen. I. Mitteilung: Konstantes Auftreten von gramnegativen Stäbchen. 103. 20. 235.
— Über die Wirkung des Berufs auf die Breitenentwicklung von kräftigen und schwächlichen Jugendlichen. 105. 31. 245.
— Über die Wegschaffung der Kohlensäure bei sportlichen Läufen. 106. 31. 249.
— Über Filtrierbarkeit und Größe des Bacterium coli. 111. 34. 307.
— und **Waskewitsch C.** Die Atmungsfunktion des Blutes bei chronischer und bei akuter Anilinvergiftung. 102. 29. 192.
—, s. a. **Lehmann K. B.**
Schmidt W., s. **Brezina E.**
Schmiedeberg O. Historische und experimentelle Untersuchungen über die Zichorie und den Zichorienkaffee in diätetischer und gesundheitlicher Beziehung. 76. 12. 210.
Schneider G., s. **Rimpau W.**
Schneider R. Kritisches und Experimentelles über die Bildung der Leukine. 75. 12. 167.
— Vergleichende Untersuchungen über den Koch-Weekschen Bazillus und das Pfeiffersche Influenzastäbchen. 93. 23. 26.
— und **Hurler K.** Weiterer Beitrag zur Frage der Bildung und Wirkung der Leukine. 81. 13. 372.
Schönmehl L., s. **Oßwald L.**
Schönsleben G., s. **Lanner E.**
Schokitschi, s. **Katz.**
Scholte K., s. **Klostermann M.**
Scholz W., s. **Schmidt H.**
Schopper W. Über Lungenentzündungen bei Brauneisenstein-Bergarbeitern. 104. 30. 175.
Schottelius M. Die Bedeutung der Darmbakterien für die Ernährung IV. 79. 13. 289.
— Chlor-Xylenol-Sapokresol (,,Sagrotan"), ein neues Desinfektionsmittel. 82. 14. 76.
Schreiber W., s. **Remy E.**
Schröder H. Untersuchungen über den Jodgehalt in Trinkwässern des hamburgischen Staatsgebietes. 100. 28. 48.
Schüffner W. Über das Vorkommen der Weilschen Infektion in Holland während der Jahre 1924—1929. 103. 30. 249.
Schütze H. Über die Zunahme des Fettes in aufbewahrtem Weichkäse und Fleisch mit Rücksicht auf die Frage der Leichenwachsbildung. 76. 12. 116.
— Untersuchungen über die Häufigkeit bestimmter Bakterien (namentlich Sarcinen) in der Luft und deren Herkunft. 76. 12. 293.
— Bacterium pseudotuberculosis rodentium. Rezeptorenanalyse von 18 Stämmen. 100. 28. 181.
—, s. a. **Ackermann D.**
Schütze W. Über die Gefährdung von Mensch und Tier durch große Konzentrationen einiger giftiger Gase von der Haut aus. (Kohlenoxyd, Schwefelwasserstoff, Blausäure, Anilin.) 98. 27. 70.
Schulte H. Über die Gefahr einer Quecksilbervergiftung bei Zahnärzten. 83. 14. 43.
Schultze K. Zur kapillaren Flüssigkeitsbewegung. 100. 28. 121.
— Untersuchungen über die kapillare Flüssigkeitsbewegung in Faserstoffen. 108. 32. 198.
— Die Bestimmung der Luftfeuchtigkeit mit Hilfe von Agar-Agar. 111. 34. 57.

Schultze K. Messungen der Oberflächenspannung von Wasser und Abwasser. 112. 34. 48.

—, s. a. **Schwarz L.**

Schultzik R. Experimentelle Untersuchungen zur Frage der Kohlensäurevergiftung. 102. 29. 366.

Schulze, s. **Rubner M.**

Schwarz F. K. Th., s. **Linden H.**

Schwarz L. Katathermometrische und andere hygienische Untersuchungen an Bord eines kohlebefeuerten Dampfers während einer Rundreise um Afrika. 101. 29. 173.

— und **Deckert W.** Studien zu einer neuen Bestimmungsmethode der durchschnittlichen Blausäurekonzentration bei praktischen Blausäureausgasungen. I. Mitteilung. 100. 28. 130.

— — Studien zur Beurteilung von Arsenbefunden in Ausscheidungen und Hautanhängen. 106. 31. 346.

— und **Pagels J.** Versuche zur Frühdiagnose der gewerblichen Manganvergiftung. 92. 24. 77.

— und **Schultze K.** Über die Durchlässigkeit von Bekleidungsstoffen für Strahlen. I. Mitteilung: Die Porendurchsichtsfläche. 106. 31. 299.

— und **Sieke F.** Über Gallium. 100. 28. 143.

— — Über eine mögliche Herstellung von hochgradig aktivem Ergosterin (Vitamin D) aus Rohkaffee. 104. 30. 65.

Schweers A. Die elektrische Leitfähigkeit als Mittel für die chemische und hygienische Beurteilung der Milch. 107. 32. 354.

Schweizer P. Untersuchungen über die Natur der filtrierbaren Vira und die Resistenz des Hühnerpestvirus gegen zellschädigende Einflüsse (Gerbstoffe, Oligodynamie). 90. 22. 155.

Seidenberg S. und **Schmerl E.** Beleuchtung der Berliner öffentlichen Verkehrsmittel. 104. 30. 203.

—, s. a. **Friedberger E.**

Seifert E. Ist die Gewöhnung an Ammoniakgas anatomisch erklärbar? 74. 11. 61.

Seiffert G. Die Brauchbarkeit der Nährlösung nach Seitz als Ersatz für Lackmusmolke. 76. 12. 300.

— Dampfdesinfektion großer Räume. 85. 16. 41.

— Der Chemismus elektiver Cholera-Nährböden. 85. 16. 265.

— und **Arnold A.** Zellveränderungen in Knochenmark, Blut und Milz bei experimenteller Blutvergiftung. 99. 28. 272.

— und **Rasp C.** Reaktionsumschläge bei wiederholter Wassermannscher Reaktion. 79. 13. 259.

Seiffert W. Experimentelle Untersuchungen über den Ablauf der Infektion per os unter wechselnden Lebensbedingungen. 101. 29. 117.

— Die epidemiologische Bedeutung der bakteriellen Variabilität. 103. 30. 258.

Seige W. Zum Nachweis der Tuberkelbazillen im Sputum. 100. 28. 14.

Seiler G. Beiträge zur quantitativen Staubbestimmung. 100. 28. 325.

Seiser A. Untersuchungen über das Phänomen von d'Hérelle. 92. 24. 189.

— Zur Diagnose der Abtötungstemperatur bei der Impfstoffbereitung. 105. 31. 373.

—, **Necke A.** und **Müller H.** Mikrobestimmungen von Blei. (Ein Beitrag zur Diagnose der Bleierkrankung.) 99. 28. 158.

— und **Walz.** Stickstoffumsatz bei der Denitrifikation. 95. 25. 189.

—, s. a. **Murabito C.**

Seitz A. Die Hygiene im Schriftgießereigewerbe und die experimentelle Antimonvergiftung. 94. 24. 284.

— Zur Frage der Durchlässigkeit halbdurchlässiger Membranen insbesondere der Haut für Blei vermittels des elektrischen Stromes. 106. 31. 160.

— Über das Vorkommen basophil veränderter Blutkörperchen bei Menschen ohne Bleieinwirkung. 109. 32. 199.

Selter H. Der Einfluß der Menstruation auf die Tuberkulinempfindlichkeit. 94. 24. 223.

—, **Fetzer H.** und **Weiland P.** Der Wert der Tageslichtquotienten für die Beurteilung der Tagesbeleuchtung von Arbeitsplätzen. 110. 33. 1.

— und **Hilgers E. W.** Abwasserreinigung durch Fischteiche mit besonderer Berücksichtigung der Zellstoffabrikablaugen. 94. 24. 264.

Semernin J. J., s. **Kagan E.**

Seßler M. Untersuchungen über die Dampfresistenz der Tetanussporen. 94. 24. 88.

Siegl J. Studien über Schwankungen der Virulenz bei fortgezüchteten Diphtheriestämmen. 99. 28. 71.

— Zum Problem der Immunität bei der Diphtherie. 106. 31. 32.

Siegmund H., s. **Pesch K.**

Sieke F. und **Keim P.** Über die Brauchbarkeit der Indolprobe zur Trink- und Gebrauchswasserkontrolle. 100. 28. 44.

—, s. a. **Schwarz L.**

Silber D. A. und **Trumpaitz J. I.** Beurteilung der Sehkraftermüdung mittels der Methodenbestimmung „Der Konvergenzstabilität" und der Reserveakkomodation. 107. 32. 127.

Silber J. M. Kritische Bewertung einiger Methoden zur Bestimmung der Härte des in der Natur vorkommenden Wassers. Die Wartha-Pfeiffersche Methode und ihre Modifikation. 73. 11. 171.

Singer E. und **Hoder F.** Über die physiologische Grenze der Bakterienvermehrung. 94. 24. 353.

Singer G. Die Konservierung der Marktmilch mit Wasserstoffsuperoxyd. 86. 17. 263.

— Über Schädigung der Bakterien durch die Gärung. 86. 17. 274.

Sitzenfrey A. und **Vatnick V.** Zur Frage der prognostischen und praktischen Verwertung bakteriologischer Befunde bei puerperalen Prozessen. (Beobachtungen an Schwangeren, Kreißenden und Wöchnerinnen.) 79. 13. 72.

Sobernheim G. und **Dietrich E.** Über die Frage der Nachentwicklung von Bakterien im gechlorten Trinkwasser der Stadt Bern. 105. 31. 71.

Solowieff N. Milzbrand des Verdauungsschlauches beim Menschen. 104. 30. 132.

Sonnenschein C. Bacterium paratyphi A haemolyticum. Der Hämolyse-Effekt durch Bakteriophagen an Paratyphus-A-Bakterien. 101. 29. 380.

Spät W. Über die Zersetzungsfähigkeit der Bakterien im Wasser. 74. 11. 237.

Spatz R. Prüfung des Atemschützers „Lix" auf seine praktische Brauchbarkeit. 91. 22. 277.

— Die quantitative Bestimmung kleiner Mengen von Alkohol- und Azetondämpfen in Luft. 91. 22. 315.

—, s. a. **Brückner H.**

Spieckermann A. und **Thienemann A.** Ein Beitrag zur Kenntnis der Rotseuche der karpfenartigen Fische. 74. 11. 110.

Spiegel. Über die Vernichtung von Bakterien im Wasser durch Protozoen und über die Fähigkeit der Bodonazeen, Bakterienfilter zu durchdringen. 80. 13. 283.

Spilberg P., s. **Kagan E.**

Spranger, s. **Hilgermann R.**

Springer. Beitrag zur Kenntnis des Stoffwechsels des Bacillus diphtheriae. 79. 13. 25.

Stalskaja D. J., s. **Brüllowa L. P.**

Stadler H. Über die entwicklungshemmende Wirkung einiger organischer Stoffe in Lösung und in Dampfform. 73. 11. 195.

Steng H. Die Milch brünstiger Kühe als Kindermilch. 78. 13. 219.

Stern E. Serumglobulin und Serumalbumin als Anaphylaktogene. 91. 22. 165.

Steudel H. Sind die cholesterinhaltigen Haarwässer ungefährlich? 111. 34. 120.

— Zur vorstehenden Erwiderung von Gordonoff und Zurukzoglu. 111. 34. 124.

Stickl O. Beiträge zur Diagnose der Bleivergiftung. 98. 27. 43.

—, s. a. **Dresel E.**

—, s. a. **Gara P. v.**

Stockmayer W. Vergleichende Untersuchungen über die Vermehrungsfähigkeit geschwächter Keime in künstlichen Nährböden und im Tierkörper. 95. 25. 79.

Stötter H., s. **Weichardt W.**

Strach J. S., s. **Kagan E.**

Strunk G. Quantitative Wasseruntersuchung nach dem Verfahren von Eijkmann. 100. 28. 21.

Strunz F. Zur Bakteriologie des Brustmilchstuhls. 94. 24. 198.

Stüber W., s. **Fendler G.**

Stübinger K. Die Ursache der verschiedenen Virulenz von Tetragenusstämmen. 112. 34. 70.

Sudhues M. Über die Beeinflussung der Antikörper durch chronische Kohlenoxydvergiftung. 109. 32. 135.

—, s. a. **Sartorius F.**

Süpfle K. Quantitative Bestimmung von Eisen, Ammoniak und salpetriger Säure im Wasser mittels des Autenrieth-Koenigsbergerschen Kolorimeters. 74. 11. 176.

— Die Desinfektionswirkung von Alkohol-Seifenpasta. 81. 13. 48.

— Weitere Untersuchungen über optimale Nährböden zur Nachkultur bei der Prüfung von Desinfektionsverfahren. 87. 18. 232.

— Über die Wirksamkeit der Formaldehyd-Raumdesinfektion. 87. 18. 235.

— Mikrochemische Untersuchungen über das Eindringen des Sublimats in den Bakterienleib. 93. 23. 252.

— Über den Mechanismus der Desinfektionswirkung von Chlorkalk und von Chloramin-Heyden. 97. 26. 176.

— und **Belian W.** Über die Beziehungen zwischen Phagozytose und Leukinproduktion. 102. 29. 183.

— und **Dengler A.** Die Bedeutung optimaler Nährböden zur Nachkultur bei der Prüfung von Desinfektionsverfahren. 85. 16. 189.

— und **Hofmann.** Experimentelle Untersuchung über die bakterizide Wirkung von Silargel und Adsorgan. 103. 30. 365.

— — Serologische und bakteriologische Untersuchungen über das Vorkommen von menschlichen Banginfektionen im Freistaat Sachsen. 108. 32. 113.

— — und **May J.** Tierexperimentelle Untersuchungen über die chronische Wirkung der Auspuffgase von Kraftfahrzeugen. 112. 34. 84.

Süpfle K., May J. und **Walz L.** Eine vereinfachte Methode zur quantitativen Bestimmung von Kohlensäure, Ammoniak und Schwefelwasserstoff in der Luft bewohnter Räume. 98. 27. 147.

— und **Müller A.** Über die Rolle der Adsorption bei der Einwirkung von Sublimat auf Bakterien. 89. 20. 351.

Süskind E. Beitrag zur Frage der Invasionsfähigkeit der im amerikanischen Speck enthaltenen Trichinen nebst Versuchen über den Einfluß der Trockenpökelung auf die Lebensfähigkeit der Muskeltrichinen. 90. 22. 336.

Süßmann Ph. O. Sind die gehärteten Öle für den menschlichen Genuß geeignet? 84. 15. 121.

— Studien über die Resorption von Blei und Quecksilber bzw. deren Salzen durch die unverletzte Haut des Warmblüters. 90. 22. 175.

— Über Bakterien und bakterielle Zersetzungen auf der Körperoberfläche. 100. 28. 211.

Sugimoto. Untersuchungen über die Bedeutung akzessorischer Nährstoffe für den Verwendungsstoffwechsel der Typhus-Coli-Gruppe. 106. 31. 185.

Sukeyasu Okuda. Pyocyaneusbakteriophagen. 92. 24. 109.

Sulima A. Über die Ausnutzung biologischer Eigenschaften des nicht denaturierten Nahrungsmaterials für Nutritionszwecke. 75. 12. 235.

Sutlif W. D. Untersuchungen über das biologische, serologische und kapillar-chemische Verhalten der Paratyphusbazillen unter veränderten Lebensbedingungen. 104. 30. 239.

Suzuki K. Infektionsversuche mit Vibrio Kadikjöji. 97. 26. 141.

Suzuki S. Studien über die intraperitoneale Typhusinfektion des Meerschweinchens. 74. 11. 221.

— Über die Wirkungsweise der Leukozyten auf saprophytische Keime. 74. 11. 345.

— Die quantitativen Verhältnisse der Keimabtötung durch Leukozyten. 75. 12. 224.

—, s. a. **Bail O.**

Swellengrebel N. H. Über Zelleinschlüsse, die bei der Hornhautimpfung mit Varizellen auftreten. 74. 11. 164.

T.

Terwen A. J. L. und **Quelle H. J.** Über die bakteriologischen Erfolge mit dem Elektropasteur für Milch nach Aten. 112. 34. 273.

Thalmann. Zur Immunität bei Influenza. 80. 13. 142.

Thiele H. Neuartiges Gefäß zur einwandfreien Entnahme und Beförderung von Wasser- und anderen Flüssigkeitsproben für die bakteriologische Untersuchung. 112. 34. 260.

Thiem G. Die Hydrologie im Dienst der Hygiene. 80. 13. 74.

Thienemann A., s. **Spieckermann A.**

Thoms H. und **Müller F.** Über die Verwendung gehärteter Fette in der Nahrungsmittelindustrie. 84. 15. 54.

Tiebel. Haben die Unglücksfälle als Todesursache zu- oder abgenommen? 101. 29. 95.

Tjaden. Benzoësäure und Hackfleisch. 104. 30. 184.

Tompakow L. Über den Wert der neuen Conradischen Verfahren für die Diphtheriediagnose. 83. 14. 1.

Trauner R., s. **Rieger H.**

Trautmann A. Über Massenausstreuung von Bacillus enteritidis Gärtner. 76. 12. 206.
— Die Verbreitung der einheimischen Malaria in Deutschland in Vergangenheit und Gegenwart. 80. 13. 84.
— Über das zeitliche Auftreten der basophilen Körnelung bei Bleivergiftung. 94. 24. 298.
Trautwein K. Ein neuer Apparat zur gewichtsanalytischen Bestimmung von Mörtelfeuchtigkeit. 84. 15. 283.
Trawiński A. und **György P.** Zur Kenntnis der Bakterien der Faecalisalcaligenes-Gruppe. 87. 18. 277.
Trommsdorff R. Statistischer Beitrag zur Epidemiologie des Typhus in München während der Sanierungsperiode. 83. 13. 255.
— Weiterer statistischer Beitrag zur Epidemiologie des Typhus in München während der Sanierungsperiode. 84. 15. 181.
Trumpaitz J. I., s. **Silber D. A.**

U.

Uffenheimer A. Das Früh-Exanthem der tuberkulösen Infektion beim Kinde. (Zugleich ein Beitrag zum tuberkulösen Initialfieber.) 93. 23. 104.
— und **Awerbuch J.** Anaphylaxie und Lebertätigkeit. 83. 14. 187.
Ufland I. M. Die Muskelkraft bei Saturnismus. 101. 29. 107.
Uglow W. A. Über die Wirkung des Saccharins auf Bakterien, Plankton und Verdauungsfermente. 92. 24. 331.
— Beitrag zur Beurteilung des Dulcins als künstliches Zuckerersatzmittel vom hygienischen Standpunkte. 95. 25. 89.
— Über die biologische Wirkung des Saccharins. (Zum Artikel von Prof. R. Neumann.) 97. 26. 272.
Uhlenhuth P. und **Hailer E.** Die Desinfektion tuberkulösen Auswurfs durch chemische Mittel. III. Mitteilung: Die Wirkungsweise alkalischer Phenolpräparate. Die Kresollaugen. 92. 24. 31.
— — und **Jötten K. W.** Die Desinfektion tuberkulösen Auswurfs durch chemische Mittel. V. Mitteilung: Das Parmetol (Parol). 92. 24. 293.
— — Die Desinfektion tuberkulösen Auswurfs durch chemische Mittel. VI. Mitteilung: Leicht lösliche alkalische Kresolpräparate. Schlußbemerkungen. 92. 24. 304.
— — Die Desinfektion tuberkulösen Auswurfs durch chemische Mittel. IV. Mitteilung: Die Verwendung des Chloramins. 93. 23. 343.
— und **Jötten K. W.** Die Abtötung der Tuberkelbazillen im Sputum mit chemischen Desinfektionsmitteln. 90. 22. 291.
— — Die Desinfektion tuberkulösen Auswurfs mit chemischen Desinfektionsmitteln. II. Mitteilung. 91. 22. 65.
— — Berichtigung zu der Arbeit von U. u. J. „Die Desinfektion des tuberkulösen Auswurfs mit chemischen Desinfektionsmitteln". 91. 22. 182.
—, **Lange L.** und **Kersten H. E.** Über das Friedmannsche Tuberkulose-Schutz- und Heilmittel. II. Mitteilung: Immunisierungs- und Heilungsversuche mit den Friedmannschen Schildkrötenbazillen an Meerschweinchen und Kaninchen. 93. 23. 295.
— und **Remy E.** Zur Frage der Kontrolle biologischer Kläranlagen bei kleineren Betrieben. 108. 32. 157.
— — Neuere Untersuchungen über die keimabtötende Wirkung der drei isomeren Kresole sowie von Di- und Trikresolgemischen in Form alkalischer Seifenlösungen bei tuberkulösem Sputum. 111. 34. 127.

V.

Vatnick V., s. **Sitzenfrey A.**

Viefhaus K. Keimgehalt und Entkeimungsmöglichkeiten von Zahnbürsten. 107. 32. 155.

Vintschger J. v. Das Wärme-Isolierungsvermögen der Kleiderstoffe, gemessen mit Hilfe des „Davoser Frigorimeters". Eine neue Arbeitsmethode der Bekleidungshygiene. 101. 29. 261.

Vogt Chr. und **Burckhardt J. L.** Über die Aufnahme von Metallen, speziell Blei, Zink und Kupfer, durch die Haut. 85. 16. 323.

W.

Waldmann A. Sportärztliche Erfahrungen im Reichsheere. 93. 23. 239.

Walz, s. **Seiser A.**

Walz L., s. **Süpfle K.**

Waskewitsch C., s. **Schmidt-Kehl L.**

Wastl J., s. **Brezina E.**

Watanaba Tai. Desinfektionsversuche mit Bakteriophagen. 92. 24. 1.

Watanabe N. Über Verhalten und Verteilung des intravenös einverleibten Vakzineerregers im Körper des normalen und immunen Kaninchens. 92. 24. 359.

Weber E. Bemerkungen zu den „Arbeitshygienischen Untersuchungen" W. Weichardts und H. Lindners. 87. 18. 207.

Weber H. H. Über die Absorption luftdisperser fester Phasen durch die Atmungswege. 105. 31. 101.

Weichardt W. Über Stoffwechselvorgänge von Parasiten und Saprophyten, sowie über deren praktisch verwertbare Unterschiede behufs Differenzierung. 73. 11. 153.

— Über Eiweißspaltprodukte in der Ausatemluft. 74. 11. 185.

— Über Reizwirkungen von Kanalgasen und Bodenluft. 105. 31. 88.

— und **Lindner H.** Arbeitshygienische Untersuchungen. 86. 17. 109.

— und **Stötter H.** Über verbrauchte Luft. 75. 12. 265.

Weigmann F. Bakteriologisches, Klinisches und Tierexperimentelles zur Frage der Infektion des Menschen mit Bact. abortus Bang. 102. 29. 77.

Weil E. Untersuchungen über die keimtötende Kraft der weißen Blutkörperchen. 74. 11. 289.

— Die Schutzstoffe des Hühnercholera-Immunserums. 76. 12. 343.

— Über die Wirkungsweise der Kaninchenleukozyten. 78. 13. 163.

— Über die Wirkungsweise des Hühnercholera-Immunserums. 79. 13. 59.

—, s. a. **Bail O.**

Weil H. Über die Wirkungen des Grubenklimas auf den Menschen. 108. 32. 280.

—, s. a. **Lehmann K. B.**

Weiland P. G. Beiträge zur Anthrakozidiefrage. 109. 32. 351.

—, s. a. **Selter H.**

Weisbach W., s. **Klostermann M.**

Weise E. Studien zur Abderhaldenschen Reaktion (Methodik, Gravidität, Tuberkulose). 85. 16. 61.

Weiß E. Desinfektionsversuche mit den Hartmannschen Entlausungskasten. 88. 19. 40.

Weiß P. Die hygienischen Grundlagen der Lüftungstechnik mit spezieller Berücksichtigung der Kata-Thermometrie zur Bestimmung der Entwärmungsverhältnisse. 96. 26. 1.

Werthemann A. Das Verhalten der übertragbaren Lysine („Bakteriophagen“) in der Zirkulation von Kalt- und Warmblütern. 91. 22. 255.

Wette H. Chlorzahl und Chlorbedarf des Wassers. Ein Beitrag zur Beurteilung des Chlorbindungsvermögens. I. Teil. 99. 28. 143.

— Über den Nachweis und die Bestimmung des Harnstoffs im Wasser, sowie den Abbau desselben durch Bakterien und Chlor. Zugleich ein Beitrag zur Frage der Chlorbehandlung von Schwimmbadewasser. 101. 29. 222.

Wilhelmi J. Grundfragen zur Fliegenplage und ihrer Bekämpfung. 97. 26. 82.

Winkler. Variola-Vakzinestudien. II. Zur Beurteilung der Hirn- und Hodenlapine. 98. 27. 241.

Wisser H. Experimentelle und kritische Untersuchungen über die chromathaltigen Dämpfe der Chromatfabriken. 82. 14. 97.

Wobsa. Einfluß der Umgebung auf die Wärmeabgabe des menschlichen Körpers. 83. 14. 123.

— Wärmeleitungsfähigkeit der menschlichen Haut. 79. 13. 323.

Wödl E., s. Graßberger R.

Wohlfeil T. Über die Wirkung der in den Frühstunden betriebenen sportlichen Körperarbeit auf die geistige Leistungsfähigkeit und das Wohlbefinden im Verlaufe des beruflichen Arbeitstages. 98. 27. 84.

— Über den Energieverbrauch bei sportlicher Körperarbeit (Kanufahren). I. Mitteilung. 100. 28. 393.

— und **Gilges W.** Über die praktische Bedeutung der Clarkschen Methode bei Trink- und Gebrauchswasseruntersuchungen. 110. 33. 125.

— Über Enterokokken als Krankheitserreger und Saprophyten. 111. 34. 11.

Wohlfeil T., s. Ewig W.

—, s. **Geschke F.**

Wolf F. Ermüdung und Übermüdung. Experimentelle Untersuchungen an Jenaer Studenten im Sommersemester 1921. 91. 22. 99.

Wolf G., s. Rost E.

Wolf K. Radioaktivität und Kropf. 104. 30. 53.

— Über Zimmerluftbefeuchtung. 106. 31. 168.

Wolff G. Wirkt Tabakrauch desinfizierend? 91. 22. 332.

Wolschinsky W., s. Chlopin G. W.

Wolter F. Zur Frage der Trinkwasser-Epidemien. 101. 29. 5.

Wolynskij A. S. Der Einfluß des Schwefelwasserstoffs auf den Gasbestand des Blutes. 109. 32. 44.

— und **Petrowskij I. N.** Zur Frage über den Mechanismus der Schwefelwasserstoffwirkung. 109. 32. 50.

Wührer J. Zur gesundheitlichen Beurteilung des Aluminiums, insbesondere im Aluminium-Eß-, Trink- und Kochgeschirr. 112. 34. 198.

Wurzinger St. Über den Einfluß vitaminfreier Nährböden auf die Bakterienvirulenz. 97. 26. 219.

Y.

Yoichiro Saito. Versuche zur Abgrenzung des Streptococcus acidi lactici von Streptococcus pyogenes und Streptococcus lanceolatus. 75. 12. 121.

— Experimentelle Untersuchungen über die quantitative Absorption von Staub durch Tiere bei genau bekanntem Staubgehalt der Luft. 75. 12. 134.

Z.

Zaloziecki A. Über den Antikörper-Nachweis im Liquor cerebrospinalis, seine theoretische und praktische Bedeutung. 80. 13. 196.

Zantop H., s. **Manteufel P.**

Zeiß H. Über die Einwirkung des Eosins auf Bakterien, Hefen und Schimmelpilze. 79. 13. 141.

— Über einige bei Tierkrankheiten gefundene Erreger aus der Gruppe der hämorrhagischen Septikämie und der Koligruppe. (Kanarienvogelseuche, tuberkuloseähnlicher Abszeß beim Kaninchen, Keratitis und Konjunktivitis beim Meerschweinchen, Koliseptikämie bei Hühnern.) 82. 14. 1.

— Die Züchtung des spezifischen Proteusstammes x 19 bei Fleckfieber. 87. 18. 246.

— Die pestähnlichen Lymphdrüsenentzündungen in Rußland 1876/79 und ihre Beziehungen zur Tularämie in der Sowjetunion 1921/28. 105. 31. 210.

— Über Englischen Schweiß und Schweißfriesel in Rußland. 107. 32. 243.

Zeug M. Äquilibrierte Salzlösungen als indifferente Suspensionsflüssigkeiten für Bakterien. 89. 20. 175.

Zimmermann E. Über den Ablauf der Infektion bei intravenös syphilitisch infizierten Kaninchen. 103. 30. 269.

— und **Kluge H.** Über den Nachweis von Sojamehl. 112. 34. 157.

—, s. a. **Remy E.**

Zuck A., s. **Prica M.**

Züll A., s. **Blumenberg W.**

Zuelzer M. Beiträge zur Weilfrage. 103. 30. 282.

Zurukzoglu St., s. **Gordonoff T.**

II. Teil.

Sachverzeichnis.

1. Konstitution und Disposition.

Beruf. Wirkung auf die Breitenentwicklung von Kräftigen und schwächlichen Jugendlichen. 105. 31. 245.

Disposition der Versuchstiere und des Menschen für giftige Gase. 106. 31. 255.

— und Genitalzyklus bei weißen Mäusen. 103. 30. 379.

— zu Tuberkulose durch fieberhafte Erkrankung andrer Organe. 112. 34. 362.

— zu Typhus. 105. 31. 272.

Körperkonstitution und turnerisch-sportliche Eignung. 100. 28. 154.

Körpermaße und Wachstumsverhältnisse bei Wiener Lehrlingen und Lehrmädchen. 112. 34. 280.

Sexualdisposition. Bedeutung bei den Infektionskrankheiten. 96. 26. 125.

2. Rasse, Vererbung.

Biochemischer Rassenindex. Untersuchungen über Isohämagglutinine bei den Chinesen, insbesondere die geographische Änderung des Hämagglutinationsindex. 94. 24. 93.

Knaben. Übersterblichkeit im Lichte der Erblichkeitslehre. 93. 23. 126.

Salze. Einfluß mehrerer — auf den Fortpflanzungsprozeß. 84. 15. 261.

Weiße Mäuse. Reinrassige — und F_1-Bastarde aus der Kreuzung von reinrassiger weißer Maus mit reinrassiger grauer Hausmaus, Empfänglichkeit gegenüber Milzbrandbazillen. 110. 33. 133.

Weiße und graue Mäuse. Vererbung der natürlichen Empfänglichkeit bzw. Widerstandsfähigkeit gegenüber der Infektion mit Micrococcus tetragenus. 103. 30. 37.

3. Statistik.

Alter. Geschlecht, Mortalität. 104. 30. 81.

Bayerisches Volk. Einfluß der beruflichen Gliederung auf die Entwicklung der Sterblichkeit und Fruchtbarkeit der letzten Jahrzehnte. 77. 13. 1.

Bevölkerungsbewegung Nordtirols 1898—1922 und ihre Beziehungen zu Höhenlage und Sonne. 95. 25. 291.

Lungenentzündung als Todesursache. Verwertung statistischer Aufzeichnungen. 95. 25. 40.

— Weitere Betrachtungen. 102. 29. 203.

Monatliche Geburtenzahl. 95. 25. 365.

Populationsforschung, Bakterienkultur als Hilfsmittel. 102. 29. 71.

Sterbeziffern. Gesetzmäßigkeiten bei —. 107. 32. 67.

Unglücksfälle als Todesursache; zu- oder abgenommen? 101. 29. 95.

Witterung und Befinden des Menschen nach statistischen Erhebungen. 90. 22. 83.

4. Sozialhygiene.

Automatische Webstühle. Gewerbeärztliche Veurteilung der Arbeit. 93. 23. 177.

Berliner Notstandsspeisungen und Volksküchen. Untersuchungen über den Nährwertgehalt von Mittagsmahlzeiten im Winter 1914/15. 85. 16. 199.

Gesundheitsamt. Organisation und Einrichtung des kommunalen —es. 103. 30. 20.

Krankheit, Fortschritt und Hygiene. 93. 23. 218.

Mensa academica Freiburg. Nährwert der verabfolgten Speisen. 103. 30. 206.

Mensa academica Marburg. Verpflegung der Studierenden mit besonderer Berücksichtigung des Eintopfgerichts. 109. 32. 269.

Schulspeisung. Untersuchungen über die Berliner —. 85. 16. 1.

Sterblichkeit und Fruchtbarkeit. Einfluß der beruflichen Gliederung des bayerischen Volkes auf —. 77. 13. 1.

Wohnungen. Sozialhygienische Untersuchungen über den Typhusbefall bei wechselndem Epidemiecharakter. 107. 32. 11.

5. Psychologie und Psychiatrie.

Ermüdung und Übermüdung. Experimentelle Untersuchungen an Jenaer Studenten im Sommersemester 1921. 91. 22. 99.

Geisteskranke. Gruber-Widalsche Reaktion. 108. 32. 348.

Psyche und Infektion. 109. 32. 333.

Psychische Hygiene. Probleme der —. 100. 28. 195.

6. Leibesübungen, Bäder, Sport.

Badewässer, chlorierte; hygienische Beurteilung. 112. 34. 14.

Badewasserreinigung. Wirksamkeit des Chlor-Silber-Kupfer-Entkeimungsverfahrens. 109. 32. 177.

Bergsport. Zur Statistik des —es. 109. 32. 263.

Hallenbad. Hygienische Überwachung eines mit einer Chlor-Silber-Kupfer-Entkeimungsanlage ausgestatteten —es. 109. 32. 189.

Hallenschwimmbäder. Lufthygienische Anforderungen an den Bau. 104. 30. 358.

Kanufahren. Energieverbrauch. I. Mitteilung. 100. 28. 393.

Körperkonstitution und turnerisch-sportliche Eignung. 100. 28. 154.

Rudertraining. Beobachtungen beim —. 81. 13. 1.

Schwimmbadewasser. Nachweis und Bestimmung des Harnstoffs, sowie Abbau desselben durch Bakterien und Chlor. 101. 29. 222.

Schwimmhallenwasser. Verunreinigung durch Urin. 110. 33. 231.

Sportärztliche Erfahrungen im Reichsheere. 93. 23. 239.

Sportliche Körperarbeit. Wirkung der in den Frühstunden betriebenen — auf die geistige Leistungsfähigkeit und das Wohlbefinden im Verlaufe des beruflichen Arbeitstages. 98. 27. 84.

Sportliche Läufe. Wegschaffung der Kohlensäure. 106. 31. 249.

Training. Einfluß auf Grundumsatz und Arbeitsnutzeffekt. 93. 23. 1.

7. Klima, Wohnklima (physikalische Einwirkungen der Atmosphäre).

Abkühlungen. Verhalten der Alkalireserve (Versuche an Kaninchen). 102. 29. 304.

Abkühlungseffekt. Dauerregistrierung des —es. 109. 32. 311.

— Registrierung auf direktem, manometrisch-elektrischem Wege. 109. 32. 324.

Erkältungsdiarrhoe. Experimentelle Beiträge zur Frage der —. 89. 20. 168.

Erkältungsfrage. Studien zur —. III. Mitteilung. 102. 29. 263.

Grubenklima. Wirkungen auf den Menschen. 108. 32. 280.

Höhenlage und Sonne in Nordtirol. Beziehungen der Bevölkerungsbewegung Nordtirols 1898—1922 zur —. 95. 25. 291.

Licht und Temperatureinfluß auf Absterben von Eiterkokken auf Linoleum, Holz, Glas und Gummi. 106. 31. 1.

Luftfeuchtigkeit, Bestimmung mit Hilfe von Agar-Agar. 111. 34. 57.

Luftströme. Hauttemperaturmessungen am ruhenden und arbeitenden Menschen unter dem Einfluß schwacher —. 104. 30. 24.

Oberflächentemperaturen im Raum, Beziehung zur Temperatur der Außen- und Innenluft. 112. 34. 20.

Schweißbildung. 73. 11. 275. 78. 13. 275.

Tellurische Ursachen der epidemischen Konstitution. Herkunft der Lehre Sydenhams. 104. 30. 367.

U. V.-Dosimeter, klimatologisches. Verwendbarkeit als physikalisch-technisches Hilfsmittel. 112. 34. 9.

Wärme und Giftgase. Experimentelle Studien über gleichzeitige Wirkung auf den Organismus. 102. 29. 91.

Wärmeabgabe des menschlichen Körpers. Einfluß der Umgebung. 83. 14. 123.

Wärmeleitungsfähigkeit der menschlichen Haut. 79. 13. 323.

Wärmeregulation. Untersuchungen über die —. I. Mitteilung: Über die Wirkung der Wasser- und Kochsalzaufnahme auf den Kochsalzgehalt im menschlichen Schweiß und Blut bei hoher Umgebungstemperatur. 101. 29. 297.

— II. Mitteilung: Über die Wirkung hoher Umgebungstemperaturen auf den physikalischen Zustand des Blutes und auf die — bei Menschen in Verbindung mit Wasser- und Kochsalzaufnahme. 101. 29. 325.

Witterung. Beziehungen zwischen der — und dem Befinden des Menschen, auf Grund statistischer Erhebungen dargestellt. 90. 22. 83.

Zimmerluftbefeuchtung. 106. 31. 168.

8. Tropen.

Katathermometrische und andere hygienische **Untersuchungen** an Bord eines kohlebefeuerten Dampfers während einer Rundreise um Afrika. 101. 29. 173.

Lufttemperatur und Luftfeuchtigkeit auf einem modernen Kreuzer in den Tropen. 108. 32. 251.

9. Kleidung.

Bekleidungsstoffe. Durchlässigkeit für Strahlen. I. Mitteilung: Die Porendurchsichtsfläche. 106. 31. 299.

— Wärmehaltungsvermögen. 103. 30. 336.

Berufskleidung. Versuch einer physiologischen Beurteilung der —. 108. 32. 70.

Faserstoffe. Kapillare Flüssigkeitsbewegung in —n. 108. 32. 198.

Flüssigkeitsbewegung, kapillare. 100. 28. 121.

Fuß. Wärmeabgabe bei verschiedener Bekleidung und Zimmertemperatur. 106. 31. 123.

Kleider. Entlüftung durch die — und ihre Öffnungen. 105. 31. 301.

Kleiderstoffe. III. Luftdurchgängigkeit bei verschiedener Stoffdicke und bei verschiedener Strömungsgeschwindigkeit der Luft. 105. 31. 181.

—, neue Prüfungsmethode. 111. 34. 43.

— Wärme-Isolierungsvermögen, gemessen mit Hilfe des „Davoser Frigorimeters". Eine neue Arbeitsmethode der Bekleidungshygiene. 101. 29. 261.

Kunstseide. Vergleichende Untersuchungen über die hygienischen Eigenschaften. 112. 34. 121.

Kunstseidene Gewebe. II. Einige hygienische Eigenschaften. 104. 30. 43.

Männerkleidung. Ergebnisse thermoelektrischer Messungen in den einzelnen Schichten der — beim Tragversuch mit verschiedenen Unterhemden. 108. 32. 167.

Schweiß. Sekretion, Kochsalzgehalt und Reaktion. 73. 11. 275.

Schweißdrüsen und Schweiß. Beiträge zur Physiologie. 78. 13. 275.

Trikotagen aus Eßlinger „Trockenwolle". Hygienische Brauchbarkeit. 111. 34. 317.

Wollstoffe. Temperatursteigerung bei Ammoniak- und Chloroformaufnahme durch —. 94. 24. 347.

10. Luft (chemisch, Staub).

Anthrakotisches Lungenpigment. Quantitative Bestimmung. 74. 11. 73.

Auspuffgase von Kraftfahrzeugen. Chronische Wirkung im Tierexperiment. 112. 34. 84.

Entstaubungsanlagen. Nachweis des Wirkungsgrades. 111. 34. 63.

Freiluftkonimeter von Zeiß. 112. 34. 141.

Großstadtstaubbestimmung. Neue Methoden. 102. 29. 333.

Kohlensäurebestimmung. Vergleichende — mit den Apparaturen von Pels-Leusden und Sartorius und Derks. 110. 33. 329.

Kohlensäuregehalt der Inspirationsluft. Einfluß auf Atmung und Gaswechsel. 89. 20. 223.

Luft bewohnter Räume. Vereinfachte Methode zur quantitativen Bestimmung von Kohlensäure, Ammoniak und Schwefelwasserstoff. 98. 27. 147.

— Einfluß schlechter kohlensäurereicher — auf wachsende Tiere. 90. 22. 279.

— Furfurol als gewerbliches Gift und seine Bestimmung in der —. 104. 30. 344.

— Häufigkeit bestimmter Bakterien (namentlich Sarcinen) und deren Herkunft. 76. 12. 293.

— Kolorimetrische Bestimmung von Amylalkohol- und Amylazetatdämpfen. 109. 32. 108.

— Quantitative Bestimmung kleiner Mengen von Alkohol- und Azetondämpfen. 91. 22. 315.

— Über verbrauchte —. 75. 12. 265.

Lufthygienische Anforderungen an den Bau von Hallenschwimmbädern. 104. 30. 538.

Luftkohlensäure. Neue Apparatur zur Messung mittels der elektrischen Leitfähigkeit. 110. 33. 322.

Luftverunreinigung durch Kohlenoxyd, mit besonderer Berücksichtigung einiger weniger bekannter Quellen derselben. 84. 15. 79.

Staub. Experimentelle Untersuchungen über die quantitative Absorption durch Tiere bei genau bekanntem Staubgehalt der Luft. 75. 12. 134.

— Quantitative Absorption aus der Luft durch den Menschen. 75. 12. 152.

— Quantitative Absorption von — durch Versuchstiere. 85. 16. 309.

Staubbestimmung. Beiträge zur quantitativen —. 100. 28. 325.

— Mikroskopische — in Räumen. 105. 31. 61.

— Neue Methode zur Bestimmung kleiner Staubmengen. 111. 34. 63.

Staubbindemittel. Beitrag zur Kenntnis der Sulfitablauge als —. 105. 31. 97.

Staubkonzentration in Staubkammern. Gewinnung einer beständigen —. 106. 31. 102.

Straßenstaub. Bedeutung in den Städten. 105. 31. 168.

Teerstraßen vom Standpunkt der Hygiene. 104. 30. 105.

Versammlungen in geschlossenen Räumen. Gesundheitsstörungen bei den Teilnehmern. 91. 22. 283.

11. Stoffwechsel und allgemeine Ernährungslehre.

Arsenbefunde. Studien zur Beurteilung von —n in Ausscheidungen und Hautanhängen. 106. 31. 346.

Atmungsleistung. Zur Prüfung der —. 104. 30. 378.

Atmungsluft. Experimentelles über Sauerstoff- und Kohlensäuregrenzwerte in der —. 95. 25. 160.

Azetonmengen. Bestimmung geringer — in Gegenwart von anderen Stoffen. 112. 34. 235.

Belegtes Brot. Das — und seine Bedeutung für die Volksernährung. 81. 13. 260.

Berliner Schulspeisung. Untersuchungen über —. 85. 16. 1.

Energieverbrauch beim Maschinenschreiben. 95. 25. 245.

— Einfluß der geistigen Arbeit. 94. 24. 317.

Ernährung. Bedeutung der Darmbakterien. IV. 79. 13. 289.

Ernährungsreformen. Über moderne —. 81. 13. 179.

Ernährungsversuche bei geistiger und körperlicher Arbeit. 94. 24. 329.

Fleisch- und vitaminhaltige Hefeextrakte. Vergleichende Untersuchungen unter besonderer Berücksichtigung der chemisch-physiologischen sowie bakteriologisch-serologischen Verhältnisse. 101. 29. 27.

Gasstoffwechsel. Geistige Tätigkeit und —. 91. 22. 317.

Gaswechsel. Einfluß übertriebener Atmung. 88. 19. 285.

— Weitere Untersuchungen über den Einfluß der geistigen Tätigkeit auf den respiratorischen — und auf den Energieumsatz. 98. 27. 158.

Getränkezufuhr. Einfluß verschiedenartiger — auf den Wasserhaushalt des Organismus bei Körperruhe und Arbeitsleistung. 109. 32. 20.

Grundumsatz. Einfluß von Ernährungszustand, gewohnter Arbeitsleistung und Alter. 99. 28. 83.

— Vergleich verschiedener Formeln zur Berechnung. 99. 28. 91.

Harn. Beiträge zur Ermittlung des Zuckers; eine Schnellmethode. 88. 19. 184.

Inanition. Klinische Eigentümlichkeiten und Ernährung bei schwerer —. 88. 19. 147.

Kaffee. Experimentelle Beiträge zur Frage der erregenden Wirkung von — und seiner Inhaltstoffe auf das Zentralnervensystem. 107. 32. 177.

Kalorienarme Ernährung. Über den Gaswechsel nach ermüdender Muskelarbeit bei —. 88. 19. 332.

Kochsalz- und Wasserstoffwechsel des Menschen. 87. 18. 176.

Kohlehydratstoffwechsel. Beziehungen zwischen — und experimenteller Staphylokokkeninfektion beim Kaninchen. 107. 32. 255.

Kotstickstoff. Abhängigkeit von der Größe des Stuhlvolumens. 111. 34. 188.

Kot und Harn. Bestimmung von Blei in —. 96. 26. 289.

Nährwert. Speisen der Mensa academica Freiburgs. 103. 30. 206.

Nährwertgehalt. Berliner Notstandsspeisungen und Volksküchen im Winter 1914/15. 85. 16. 199.

Nahrung der Arbeiterklasse. Kalk und Magnesia in der — in Warschau. 86. 17. 54.

Nahrungseiweiß. Bemerkungen zu der Erwiderung von W. A. Uglow auf meine Arbeit: „Wird die Ausnutzung des —es durch Saccharin beeinflußt?" 97. 26. 275.

Nahrungsmaterial. Ausnutzung biologischer Eigenschaften des nicht denaturierten —s für Nutritionszwecke. 75. 12. 235.

Pirquetsches Ernährungssystem. Bemerkungen über das —. 90. 22. 123.

Pyro- und Metaphosphorsäure. Giftwirkung der —. 89. 20. 130.

Rohe Vegetabilien. Bakteriologische Stuhluntersuchungen bei Ernährung mit —.
96. 26. 122.

Rohkost. Versuche über Ernährung mit vegetabilischer — bei geistiger und
körperlicher Arbeit. 96. 26. 102.

Saccharin. Wird die Ausnutzung des Nahrungseiweißes durch — beeinflußt?
96. 26. 265.

Saccharingenuß, chronischer. Einfluß auf die Magensaftbildung. 95. 25. 320.

Salze. Einfluß auf Fortpflanzungsprozeß. 84. 15. 261.

— Physiologische Betrachtungen über die — der menschlichen Kost. 104. 30.
268.

Sojabohnen und ihre Verwertung im Organismus. Nach Stoffwechselversuchen
am Menschen. 99. 28. 1.

Stoffwechselversuche mit Bananenmehl. 80. 13. 302.

Verpflegung der Studierenden in der Marburger Mensa academica (Eintopfgericht).
109. 32. 269.

Zähne von Menschen und Tieren. Normaler und pathologischer Bleigehalt. 111.
34. 232.

Zahnkaries. Chemische Untersuchungen über Entstehung. 84. 15. 220.

12. Nahrungsmittel, allgemein.

Aluminiumgeschirr. Angebliche Schädigungen durch in —en zubereitete Speisen.
106. 31. 336.

Lebensmittelversorgung. Bedeutung der Schädlingsbekämpfung mit Arsen und
Bleiverbindungen. 100. 28. 57.

Nährstoffe. Die organischen — und die Nahrungsmittelanalyse. 104. 30. 288.

Nahrungsmittel. Aluminiumbestimmung und Aluminiumgehalt. 106. 31. 309.

— Ubiquität der Paratyphusbazillen in —n. 80. 13. 216.

12a. Fleisch und Fleischwaren, Speck.

Fleischfäulnis. Aktuelle Reaktion bei beginnender —. 100. 28. 377.

Fleischwaren. Bakterioskopie. 107. 32. 193.

Gefrierfleisch. Hygiene. 93. 23. 187.

Speck, amerikanischer. Invasionsfähigkeit der Trichinen. 90. 22. 236.

Würste. Zusammensetzung und Beurteilung. 80. 13. 154.

12b. Milch, Milchprodukte, Eier.

Bacterium lactis commune. Morphologische und biologische Studien über —.
85. 16. 237.

Eier. Bakteriologische Untersuchungen über die faulen — der Chinesen. 85. 16.
300.

— Frischezustand. 100. 28. 9.

Hühnereier. Natürliche Schutzkraft in Entwicklung begriffener —. 77. 13. 369.

Käse als Nahrungsmittel und seine Beurteilung vom Standpunkt des Nahrungsmittelchemikers. 80. 13. 169.

Käsearten. Differenzierung verschiedener — auf biologischem Wege. 100. 28. 82.

Kaviar. Differenzierung von anderen Fischrogen. 78. 13. 247.

Kuhmilch. Amylasegehalt. 97. 26. 195.

— Feststellung der Pathogenität von Streptokokkenstämmen krankhaft veränderter — für den Menschen. 107. 32. 309.

— Hygiene der — (I). 75. 12. 353.

— Quantitative Auswertung der Aldehydkatalase (II). 75. 12. 371.

Marktmilch. Konservierung mit Wasserstoffsuperoxyd. 86. 17. 263.
Milch. Ausscheidung von Nitraten mit der —. 95. 25. 271.
— Bakterizidie. 97. 26. 183.
— brünstiger Kühe als Kindermilch. 78. 13. 219.
— Elektrische Leitfähigkeit als Mittel für die chemische und hygienische Beurteilung. 107. 32. 354.
— Elektropasteur nach Aten. 112. 34. 273.
— Enzym- und Streptokokkengehalt aseptisch entnommener —. 73. 11. 81.
— Nachweis stattgehabter Erhitzung. 105. 31. 319.
— naturreine. 101. 29. 363.
— Skarsches Keimzählungsverfahren zur Bestimmung des Bakteriengehaltes. 98. 27. 37.
— Zellelemente in der — nebst einer Kritik der zur Bestimmung der Zellenzahl in der Milch verwendeten neuen Methoden. 75. 12. 383.
Milchkonservierung s. 12e.
Milchkontrolle. Durchführung einer 21 tägigen — während einer vollen Laktationsperiode. 100. 28. 65.
Yoghurt. Untersuchungen über — mit besonderer Berücksichtigung der Yoghurt-Trockenpräparate. 78. 13. 193.

12c. Cerealien, Obst, Pflanzenfette.

Arbutus Unedo L. Die Zusammensetzung der Früchte von —. 86. 17. 248.
Bananenmehl. Stoffwechselversuche. 80. 13. 302.
Brot. Äpfel und Birnen zur Streckung. 88. 19. 56.
— Umsetzungen beim Backen. 86. 17. 241.
— Veränderungen des aufgenommenen Getreidekorns beim Durchgang durch den Verdauungskanal? 102. 29. 240.
Brotfrage. Bemerkungen zur —. 108. 32. 341.
Feigen und Datteln. Vitamingehalt getrockneter —. 107. 32. 219.
Heeresbrot, Roggenvollkornbrot und Weißbrot. Biologische Wertigkeit bei Ratten. 110. 33. 164.
Hefeextrakte, vitaminhaltige. Chemisch-physiologisches und bakteriologisch-serologisches Verhalten. 101. 29. 27.
Knäckebrot. Vergleich mit anderen Broten. 108. 32. 1.
Kriegsbrot. Verwendung des Holzes zur Herstellung. 86. 17. 219.
Maismahlprodukte. Chemische Zusammensetzung einiger — und die Verdaulichkeit ihrer Stickstoffsubstanzen in Pepsin-Salzsäure, verglichen mit der Verdaulichkeit der Stickstoffsubstanzen verschiedener anderer Zerealien und Leguminosen. 81. 13. 286.
Obsterzeugnisse. Beurteilung von —. 80. 13. 228.
Roßkastanie. Samen der — als Brotstreckungsmittel. 88. 19. 49.
Sojabohnen. Verwertung im Organismus des Menschen. 99. 28. 1.
Sojamehl. Nachweis. 112. 34. 157.
Vegetabilien. Bakteriologische Stuhluntersuchungen bei Ernährung mit rohen —. 96. 26. 122.
Weizenmehl. Beeinflussung der Kleberauswaschung bei —en durch Roggenbeimengungen. 91. 22. 367.

12d. Andere Lebensmittel außer Wasser, Genußmittel (außer Alkohol).

Gehärtete Fette. Verwendung in der Nahrungsmittelindustrie. 84. 15. 54.
Gehärtete Öle. Eignung für den menschlichen Genuß. 84. 15. 121.

Dulcin. Beurteilung als künstliches Zuckerersatzmittel vom hygienischen Standpunkte. 95. 25. 89.

Kaffee als Darmdesinfiziens. 104. 30. 144.

— Erregende Wirkung auf das Zentralnervensystem. 107. 32. 177.

Kaffee (Hag). Diuretische Wirkung? 81. 13. 43.

Kaffeearten. Wirkungsweise verschieden bearbeiteter —. 106. 31. 147.

Kaffee und Tee. Vergleichende Versuche über die Wirkung. 92. 24. 85.

— s. a. unter 11.

Obsteinkochen. Erfahrungen während des Krieges mit den statt Kupferkesseln zum — verwendeten Gefäßen in gesundheitlicher Beziehung. 86. 17. 313.

Saccharin. Biologische Wirkung. (Zum Artikel von Prof. R. Neumann.) 97. 26. 272.

— Fütterungsversuche mit und ohne — an Mäusepaaren. 101. 29. 39.

— s. a. unter 11.

Zichorie und Zichorienkaffee in diätetischer und gesundheitlicher Beziehung. 76. 12. 210.

12e. Konservierung, Vitamine.

Antiskorbutin (Vitamin C). Beständigkeit und Beziehungen zum natürlichen Kupfergehalt in Konserven. 107. 32. 139.

Benzoesäure. Bakteriologische und biologische Versuche mit — und Benzoesäure-Derivaten. 110. 33. 355.

— Konservierende Wirkung. 84. 15. 289.

— und Hackfleisch. 104. 30. 184.

Ergosterin. Herstellung von hochgradig aktivem — (Vitamin D) aus Rohkaffee. 104. 30. 65.

Milchkonservierung. Verhalten einiger chemischer Substanzen bei der —. 86. 17. 254.

Nitral. Biologische Wirkung und Bedeutung für die Hygiene der Ernährung. 91. 22. 1.

Rachitisbekämpfung. Wirkungsbereich der —. 111. 34. 362.

Saccharin. Wirkung auf Bakterien und Plankton. 92. 24. 331.

Sterilisationsproben. Überlebende Bazillen in —. 112. 34. 315.

Trockenpökelung. Einfluß auf die Lebensfähigkeit der Muskeltrichinen. 90. 22. 336.

Vitamin C. Beständigkeit und Beziehungen zu Kupfergehalt in Konserven. 107. 32. 139.

Wasserstoffsuperoxyd zur Konservierung der Marktmilch. 86. 17. 263.

13. Alkohol.

Alkohol. Beeinflussung der Nachkommenschaft durch den — im Tierversuch. 95. 25. 140.

Alkoholgenuß. Einfluß auf Bakterizide, Phagozytose und Resistenz der Erythrozyten beim Menschen. 84. 15. 337.

13a. Tabak.

Tabakrauch. Bedeutung der Blausäure für die Giftigkeit. 76. 12. 98.

— Wirkt — desinfizierend? 91. 22. 332.

14. Gebrauchsgegenstände.

Aluminiumgeschirre. Angebliche Schädigung von Speisen. 106. 31. 336.

— Gesundheitliche Beurteilung. 112. 34. 198.

— Kritisches und Experimentelles vom Standpunkt der Hygiene. 102. 29. 349.

Bakterien. Lebensdauer einiger pathogener — (Typhusbazillen, Paratyphus-bazillen, Dysenteriebazillen, Choleravibrionen, Diphtheriebazillen). 89. 20. 63.

Briefmarken. Bakteriologisch-hygienische Untersuchungen. 106. 31. 366.

Decken, Matratzen und Betten. Reinigung des Füllmaterials für —. 111. 34. 350.

Füllstoffe aus Altmaterialien. Chemische und bakteriologische Prüfung. 111. 34. 331.

Haarwässer. Sind die cholesterinhaltigen — ungefährlich? 109. 32. 361. 111. 34. 120.

— Erwiderung hierzu. 111. 34. 122.

— Zur vorstehenden Erwiderung. 111. 34. 124.

— Duplik. 111. 34. 124.

Holzzerstörung durch Pilze. 92. 24. 89.

Katgutuntersuchung, qualitative. 105. 31. 355.

Papiergeld. Bakteriologische Untersuchungen. 92. 24. 227.

Zahnbürsten. Keimgehalt und Entkeimungsmöglichkeiten. 107. 32. 155.

15a. Wasser, allgemein, Physiologie.

Bakterien im Wasser. Vernichtung von — durch Protozoen und über die Fähig-keit der Bodonazeen, Bakterienfilter zu durchdringen. 80. 13. 283.

— Zersetzungsfähigkeit. 74. 11. 237.

Bleihaltiges Leitungswasser. Entgiftung. 80. 13. 70.

— Brauchbarkeit des Berkefeldfilters zur Entgiftung. 82. 14. 351.

Brunnen. Verunreinigung eines —s durch Küchenabwässer infolge Zernagens eines bleiernen Abflußrohres durch Ratten. 91. 22. 267.

Chemikosanitäre Wasseruntersuchung in bezug auf organische Stoffe. 98. 27. 234.

Diluvialquellen. Gefährdung von — und ihre Untersuchung mit Uranin und Kochsalz. 103. 30. 349.

Endemischer Kropf. Epidemiologische Untersuchungen. 81. 13. 128.

Harnstoff. Abbau durch Bakterien und Chlor. 101. 29. 222.

Hydrologie im Dienst der Hygiene. 80. 13. 74.

Jodgehalt in Trinkwässern des hamburgischen Staatsgebietes. 100. 28. 48.

Mangan in Wasserversorgungen der Rheinprovinz. 99. 28. 96.

Meerwasser. Bakterielle Verunreinigung des —s im Bereiche verankerter Kriegs-schiffe. 88. 19. 20.

Mineralwässer. Keimgehalt. 105. 31. 124.

Oberflächenspannung von Wasser und Abwasser. Messungen. 112. 34. 48.

Pumpenvorrichtung. Leicht desinfizierbare — zur Entnahme von Wasserproben für bakteriologische und chemische Untersuchungen. 81. 13. 58.

Radioaktivität und Kropf. 104. 30. 53.

Sauerstoffgehalt des Wassers. Verhalten verschiedener Wassertiere zum — nebst Beobachtungen über die Bedeutung der Hautatmung bei Amphibien und Insekten. 74. 11. 194.

Sauerstoffzehrung. Beurteilung der Empfindlichkeit der — und ihre Beeinflussung durch Plankton und Detritus. 89. 20. 135.

Trinkwasser, bei welchem der chemische Befund und die geologische Beschaffen-heit der Umgebung der Quelle nicht übereinstimmen. 104. 30. 197.

— Gewinnung aus den Dohlen der Talsperren der Wildbachverbauung. 82. 14. 212.

— und Typhus. 102. 29. 10.

Wassergewinnungsanlage der Heilanstalt Hochzirl, aus einer Wildbachverbauungs-sperre. 111. 34. 75.

Wasserprobenahmeflasche für die periodische Kontrolle des Molkereigebrauchs-wassers. 109. 32. 365.

Wasserversorgung mittels Zisternen. 87. 18. 205. 86. 17. 318.
— Erwiderung zu „Einige Bemerkungen" von Dr. J. D. Ruys (Haag, Holland). 88. 19. 90.
Wasserwerksangestellte. Notwendigkeit, — fortlaufend bakteriologisch zu überwachen. 107. 32. 277.

15b. 1. Chemische Wasseruntersuchung.

Autenrieth-Koenigsbergersches Kolorimeter. Quantitative Bestimmung von Eisen, Ammoniak und salpetriger Säure im Wasser. 74. 11. 176.
Chlor. Einfluß der Temperatur im Wasser. 101. 29. 290.
Chlorbindungsvermögen und Kaliumpermanganatverbrauch von Wasser und Abwasser. 104. 30. 318.
Chlorgehalt. Bestimmung in eisenreichen Wässern. 106. 31. 197.
Chlorzahl und Chlorbedarf des Wassers. I. Teil. 99. 28. 143.
Clarksche Methode. Praktische Bedeutung der —n bei Trink- und Gebrauchswasseruntersuchungen. 110. 33. 125.
Eisenbestimmung im Wasser. Einfluß und Beseitigung organischer Stoffe bei der kalorimetrischen —. 100. 28. 35.
Härte. Bestimmung der — des in der Natur vorkommenden Wassers. Die Wartha-Pfeiffersche Methode und ihre Modifikation. 73. 11. 171.
Harnstoff. Nachweis im Wasser. 101. 29. 222.
Indolprobe. Brauchbarkeit zur Trink- und Gebrauchswasserkontrolle. 100. 28. 44.
Mangan im Trinkwasser. Abänderung des Chronerschen Verfahrens. 97. 26. 227.
Organische Stoffe. Differenzierung der —n im Wasser. 100. 28. 40.
Organische Substanz im Meerwasser. Bestimmung. 86. 17. 338.
Oxydable Substanz im Wasser. Bestimmung. 107. 32. 42.
Sulfatbestimmung, volumetrische, im Wasser nach der Baryumchromatmethode. 100. 28. 31.
Trübungsgrad. Bestimmung bei Wassern. 101. 29. 1.
Wasseruntersuchung. Maßanalytische Methoden. 112. 34. 63.

15b. 2. Bakteriologische Wasser-Untersuchung.

Bakteriologische Wasseruntersuchung. Eine neue, rasch arbeitende Methode und ihre Anwendung auf die Prüfung von Brunnen und Filterwerken. 75. 12. 189.
— Meine Schnellmethode der —. (Zugleich Erwiderung auf die Arbeit von E. Hesse, „Über die Verwendbarkeit der ‚Eisenfällung' zur direkten Keimzählung in Wasserproben".) 82. 14. 57.
— Die Methoden der — unter besonderer Berücksichtigung des Nachweises mit dem Berkefeldfilter. 80. 13. 11.
— Über Paul Th. Müllers Schnellmethode der —. (Zur Erwiderung Müllers auf meine Arbeit: „Über die Verwendbarkeit der ‚Eisenfällung' zur direkten Keimzählung in Wasserproben".) 83. 14. 327.
— Bemerkungen zu der Arbeit von Stabsarzt Dr. E. Hesse: „Über Paul Th. Müllers Schnellmethode der —. 84. 15. 146.
Bacterium coli. Bedeutung in Trinkwässern. 76. 12. 256.
Bacterium coli commune. Quantitative Bestimmung im Wasser. 79. 13. 301.
Colibazillen. Kosers Harnsäure- und Zitratprobe und einige andere Methoden zum Nachweis fäkaler — im Wasser. 107. 32. 234.
Coli-Nachweis nach Vincent. 109. 32. 31.
Colititerbestimmung. 84. 15. 151. 85. 16. 117. 88. 19. 241. 96. 26. 262.

54   Sachverzeichnis.

Colititerverfahren. Über Keimzählung mittels flüssiger Nährböden mit besonderer Berücksichtigung der —. 84. 15. 151. 85. 16. 117. 88. 19. 241.
Gefäß zur einwandfreien Entnahme und Beförderung von Wasser- und anderen Flüssigkeitsproben für die bakteriologische Untersuchung. 112. 34. 260.
Wasseruntersuchung, quantitative nach dem Verfahren von Eijkmann. 100. 28. 21.

15c. Desinfektion von Wasser, Filterung.

Chlorierte Badewässer. Hygienische Beurteilung. 112. 34. 14.
Oberflächenwasser. Chlorung von — bei niedrigen Temperaturen. 100. 28. 25.
Trinkwasser. Nachentwicklung von Bakterien im gechlorten — der Stadt Bern. 105. 31. 71.
— Selbstbereitung von einwandfreiem —. 105. 31. 48.
Wasserfiltration durch Braunkohlenasche, insbesondere durch Grudeasche. 104. 30. 255.

16. Boden.

Boden. Chemische Indikatoren der Verunreinigung. 110. 33. 219.
— Versuche über das seitliche Vordringen von Verunreinigungen im —. 82. 14. 33.
— Zersetzung von Fetten im —. 91. 22. 290.

16a. Leichenbestattung, Leichenwachsbildung.

Fette. Zersetzung im Boden. 91. 22. 290.
Leichenbestattung. Verbilligung der —. Eine hygienisch-wirtschaftliche Studie. 93. 23. 209.
Leichenwachs. Chemie unter besonderer Berücksichtigung der Anaphylaxie. 96. 26. 311.
— Physikalisch-chemische Bestimmungen über die Entstehung und Vermeidung des —es auf Friedhöfen. Das Prinzip der künstlichen Sargventilation. 83. 14. 285.
Leichenwachsbildung. Zunahme des Fettes in aufbewahrtem Weichkäse und Fleisch mit Rücksicht auf die Frage der —. 76. 12. 116.

17. Haus und Wohnung (Bauhygiene).

Eiterkokken. Absterben auf Linoleum, Holz, Glas und Gummi unter Berücksichtigung von Licht und Temperatur. 106. 31. 1.
Fußbodenbelag aus Triolin und Linoleum. Abgabe von gesundheitsschädlichen Substanzen an die Raumluft. 97. 26. 47.
Mörtelfeuchtigkeit. Neuer Apparat zur gewichtsanalytischen Bestimmung. 84. 15. 283.
Pilze. Holzzerstörung durch —. 92. 24. 89.
Schallisolierung bei Decken und Wänden im Hausbau. 103. 30. 189.
Wohnbaracken. Bau von —. 86. 17. 308.
Ziegelbau. 100. 28. 165.

18. Lüftung und Heizung.

Abkühlungseffekt. Dauerregistrierung. 109. 32. 311.
Durchlüftbarkeit (Querlüftung) der Wohnungen. 88. 19. 1.
Geschlossene Räume. Gesundheitsstörungen bei Versammlungen in —n —n. 91. 22. 283.
Lüftung. Geruchsbeseitigung durch —. 91. 22. 183.
— Natürliche und künstliche — von Wohnräumen. 105. 31. 322.

Lüftungstechnik. Hygienische Grundlagen mit spezieller Berücksichtigung der Kata-Thermometrie zur Bestimmung der Entwärmungsverhältnisse. 96. 26. 1.

Luftströmungen. Einfluß von Gittern und Vorhängen. 106. 31. 209.

Verbrauchte Luft. Über —. 75. 12. 265.

19. Beleuchtung.

Beleuchtung. Bedeutung des Öffnungswinkels. 97. 26. 234.

— Künstliche, indirekte — von Wohn- und Arbeitsräumen. 106. 31. 241.

Beleuchtungsstärke, Kontrast und Sehschärfe. 104. 30. 156.

Berliner öffentliche Verkehrsmittel. Beleuchtung. 104. 30. 203.

Gasbeleuchtung. Desinfizierende Wirkung auf Zimmerluft. 83. 14. 155.

Lichtabschluß. Einfluß auf wachsende Tiere. 90. 22. 279.

Reflexstrahlen im Ultraviolett. 110. 33. 203.

Tageslichtquotient. Beurteilung der Tagesbeleuchtung von Arbeitsplätzen. 110. 33. 1.

Ultraviolettdurchlässige Fenstergläser. Verwendungsbereich in der Großstadt. 102. 29. 287.

20. Abwasser, Abfallstoffe, Flußverunreinigung.

Abfallstoffe. Typhusverbreitung durch —. 100. 28. 1.

Belebter Schlamm. Absorptionsversuche. 100. 28. 112.

Abwässer. Bakteriophagen in —n. 101. 29. 318.

— Phosphorsäureion bei Verschmutzung von —n, Fluß- und Badewässern. 101, 29. 366.

Abwasser. Chlorbindungsvermögen und Kaliumpermanganatverbrauch. 104. 30. 318.

— Messung der Oberflächenspannung. 112. 34. 48.

Abwasserreinigung durch Fischteiche mit besonderer Berücksichtigung der Zellstoffabrikablaugen. 94. 24. 264.

Bakterienvernichtung im Wasser durch Protozoen. 80. 13. 283.

Fäkalien und städtische Sielwässer. Desinfektion, Behandlung der letzteren mit Nitraten nebst Untersuchungen über den Kanalinhalt der Wiener Hauptsammler. 77. 13. 165.

Isar. Verunreinigung durch die Münchner Kanalwässer. 82. 14. 149.

Kanalgase. Reizwirkungen. 105. 31. 88.

Kieler Förde. Verunreinigung. 99. 28. 99.

— Verunreinigung in den Jahren 1926 und 1927. 99. 28. 111.

Kläranlagen, biologische. Kontrolle bei kleineren Betrieben. 108. 32. 157.

Lahn. Verunreinigung bei Gießen. 106. 31. 221.

— Verunreinigung durch die Stadt Marburg. 101. 29. 81.

Selbstreinigung. Rolle der Protozoen stehenden Wassers. 75. 12. 321.

Selbstreinigungsverfahren für Abwässer. 100. 28. 102.

Wiener Hauptsammler. Zusammensetzung und Veränderungen des Kanalinhalts. 77. 13. 165.

21. Berufshygiene, allgemein.

Arbeitshygienische Untersuchungen. 86. 17. 109.

— Bemerkungen zu den — W. Weichardts und H. Lindners. 87. 18. 207.

Arbeitsleistung des Menschen. Bedingungen für die Grenzen der —. 100. 28. 226.

Arbeitsplätze. Beurteilung nach Tageslichtquotienten. 110. 33. 1.

Baumwollspinnereiberuf. Zur Gewerbehygiene des —s. 94. 24. 105.

Beruf. Wirkung auf Breitenentwicklung kräftiger und schwächlicher Jugend-
licher. 105. 31. 245.

Berufliche Gliederung des bayerischen Volkes, Einfluß auf die Entwicklung der
Sterblichkeit und Fruchtbarkeit. 77. 13. 1.

Energieverbrauch bei gewerblicher Arbeit. 104. 30. 1.

Hochevakuierte Gefäße. Gefahren beim Hantieren mit —n und ihre Verhütung.
110. 33. 61.

Laboratoriumsinfektionen. 101. 29. 137.

Maschinenschreiben. Energieverbrauch bei —. 95. 25. 245.

Orgelspiel. Energieverbrauch beim —. 99. 28. 52.

Pianist. Über die Arbeit des —en. 94. 24. 143.

Sehkraftermüdung. Beurteilung mittels der Konvergenzstabilität und der
Reserveakkomodation. 107. 32. 127.

Straßenbahnangestellte. Über die Körperbeschaffenheit von Wiener —n. 102.
29. 154.

Teerstraßen. Hygienische Beurteilung. 104. 30. 105.

Trichophytie als Gewerbekrankheit. 92. 24. 329.

Webstühle. Arbeit an automatischen, gewerbeärztliche Beurteilung. 93. 23. 177.

Woche. Bedeutung für den Ablauf menschlicher Tätigkeit. 89. 20. 27.

Zahnärzte. Gefahr einer Quecksilbervergiftung. 83. 14. 43.

21a. Physiologie und allgemeine Pathologie (s. a. 21).

Abkühlungen und Alkalireserve (Versuche an Kaninchen). 102. 29. 304.

Atmungsleistung. Zur Prüfung der —. 104. 30. 378.

Ausatemluft. Eiweißspaltprodukte in der —. 74. 11. 185.

Berufskleidung. Physiologische Beurteilung. 108. 32. 70.

Bleisulfat. Vergleichende Untersuchungen über die Giftigkeit. 101. 29. 197.

Blutdruck bei Arbeiten in einigen gewerblichen Betrieben. 94. 24. 73.

Blutdruckmessung. Neuer Apparat. 100. 28. 149.

Blutvergiftung. Zellveränderungen in Knochenmark, Blut und Milz bei experimenteller —. 99. 28. 272.

Ermüdung nach Muskelarbeit. Neue Methode zur Diagnose. Der Palmograph.
89. 20. 1.

Ermüdung und Übermüdung. Bei Jenaer Studenten. 91. 22. 99.

Ermüdungsforschung. Psychologische Beiträge zur — bei maximalen körperlichen
Anstrengungen. I. Das Verhalten der Aufmerksamkeit. 97. 26. 162. II. Mit-
teilung: Über das psychomotorische Verhalten. 97. 26. 251. III. Mitteilung:
Über die geistige Leistungsfähigkeit. 97. 26. 261.

Ernährungsversuche bei geistiger und körperlicher Arbeit. 94. 24. 329.

Geistige und körperliche Arbeit. Ernährung mit vegetabilischer Rohkost bei —.
96. 26. 102.

Gewerbliche Gifte. Einfluß auf die Immunkörperbildung. 1. Mitteilung: Blei.
106. 31. 271. und 107. 32. 1.

Grubenklima. Wirkungen des —s auf den Menschen. 108. 32. 280.

Hand- und Fließ-(Conveyer-)Arbeit. Physiologische Vergleichsuntersuchung
der —. 100. 28. 335.

Hauttemperaturmessungen an arbeitenden Menschen unter dem Einfluß schwacher
Luftströme. 104. 30. 24.

Körperruhe und Arbeitsleistung. Einfluß verschiedenartiger Getränkezufuhr
auf den Wasserhaushalt des Organismus bei —. 189. 32. 20.

Lidschlag. Beiträge zur Kenntnis des —s. 100. 28. 245.

Speichel der Ätzer. Wasserstoffionen-Konzentration. 111. 34. 255.

— Viskosität bei Arbeitern, die die Öfen der Werke zu bedienen haben. 111. 34. 263.

Tröpfchenintoxikation. Die quantitative Absorption von Flüssigkeitströpfchen als Grundlage von der Lehre der —. 75. 12. 160.

Zähne der Zementarbeiter. 112. 34. 303.

— von Menschen und Tieren, normaler und pathologischer Bleigehalt. 111. 34. 232.

21b. Einzelne Organe (Auge, Haut usw.).

Hand. Dimensionen bei verschiedenen Berufen. 92. 24. 53.

Haut. Aufnahme von Metallen, speziell Blei, Zink und Kupfer, durch die —. 85. 16. 323.

— Chinin-Idiosynkrasie bei gewerblichen Arbeitern. 96. 26. 167.

— Durchlässigkeit für Benzin und Benzol. 106. 31. 112.

— Durchlässigkeit halbdurchlässiger Membranen insbesondere der — für Blei vermittels des elektrischen Stromes. 106. 31. 160.

— Gefährdung von Mensch und Tier durch große Konzentrationen einiger giftiger Gase von der — aus. (Kohlenoxyd, Schwefelwasserstoff, Blausäure, Anilin.) 98. 27. 70.

Haut des Warmblüters. Resorption von Blei und Quecksilber bzw. deren Salzen durch die unverletzte —. 90. 22. 175.

Hautresorption. Studien über die örtliche Wirkung und die — von Tetrachlorkohlenstoff und Chloroform. 102. 29. 124.

Herz. Das — der Schwerarbeiter. 95. 25. 351.

Schweiß, Sekretion, Kochsalzgehalt und Reaktion. 73. 11. 275.

— Beiträge zur Physiologie des —s und der Schweißdrüsen. 78. 13. 275.

Strahlungsquellen, industrielle. Beurteilung verschiedener Lichtfilter. 112. 34. 245.

21c. Gase und Dämpfe.

Aceton. 94. 24. 41.

Aldehyde. Über einige praktisch-wichtige — (Formaldehyd, Acetaldehyd, Akrolein). 73. 11. 307.

Aluminium. Gefährdet die Behandlung von geschmolzenem — mit „Alsanit" die Gesundheit der Arbeiter? 108. 32. 233.

Ammoniakgas. Ist die Gewöhnung an — anatomisch erklärbar? 74. 11. 61.

Amylazetat und Zyklohexanolazetat. 78. 13. 260.

Anilinvergiftung. Atmungsfunktion des Blutes bei chronischer und bei akuter —. 102. 29. 192.

Antimonvergiftung, experimentelle. 94. 24. 284.

Arsenwasserstoff. 73. 11. 1.

Auspuffgase von Kraftfahrzeugen. Chronische Wirkung im Tierexperiment. 112. 34. 84.

Benzin. Toxikologie. 102. 29. 227.

Benzinvergiftung. Das Blut bei der experimentellen —. 104. 30. 226.

Benzol- und Benzindämpfe. Quantitative Giftigkeit von —. 108. 32. 129.

Benzolvergiftung. Experimentelle, chronische —. 110. 33. 245.

Chloraniline und Chlortoluidine. Wirkung der — und des salzsauren 5 Chlor-2-Toluidins. 110. 33. 12.

Bleilötarbeit. Entstehen bei der — „Bleidämpfe" in gesundheitsschädlicher Menge? 94. 24. 342.

Bleioxyd. Versuche zur Beatmung von Tieren mit dosierbaren Mengen von luftkolloidem — und Luft, in Anlehnung an die Entstehung der Bleivergiftung bei Bleilötern. 101. 29. 161.

Bleiverflüchtigung. Untersuchungen zur Klärung der — beim homogenen Verbleien und Bleilöten unter Verwendung verschiedener Gebläseflammen. 96. 26. 69.

Chromathaltige Dämpfe der Chromatfabriken. 82. 14. 97.

Furfurol als gewerbliches Gift und seine Bestimmung in der Luft. 104. 30. 344.

Gase und Dämpfe. Verbesserte Apparatur zur Dosierung im „dynamischen" Inhalationsversuch. 101. 29. 16.

Gießfieber bei russischen Arbeitern. 95. 25. 331.

Giftgase. Gleichzeitige Wirkung von Arbeit und —n auf den Organismus. 98. 27. 59.

— Methoden zur Herstellung eines Luftstroms von gleichmäßigem Gehalt an —n. 108. 32. 135.

— Wirkung von Wärme und —n auf Organismus. 102. 29. 91.

Giftige Gase. Disposition der Versuchstiere und des Menschen für —. 106. 31. 255.

Kanalgase und Bodenluft. Reizwirkungen. 105. 31. 88.

Kohlenoxydhaltige Luft. Giftigkeit. 102. 29. 254.

Kohlenoxyd-Inhalation. Stoffwechselveränderungen bei chronischer —. 107. 32. 283.

Kohlenoxydschädigungen. Tierversuche über chronische —. 109. 32. 211.

Kohlenoxydvergiftung, chronische. Beeinflussung der Antikörper. 109. 32. 135.

— Experimentelle Studien zur Frage der chronischen —. 107. 32. 318. 109. 32. 124. 112. 34. 95.

Kohlensäurevergiftung. 102. 29. 366.

Kohlenwasserstoffe. Benzol, Toluol, Xylol, Leichtbenzin und Schwerbenzin.) Einfluß auf den Organismus. 75. 12. 1.

Kohlenwasserstoffe der Fettreihe. Die gechlorten — nebst Betrachtungen über die einphasische und zweiphasische Giftigkeit ätherischer Körper. 74. 11. 1.

— Über gebromte —. 101. 29. 48.

Mono- und Dinitrophenole als gewerbliche Gifte; ihre Eintrittswege in den Organismus und die paradoxe Totenstarre bei fehlender Säurebildung. 96. 26. 363.

Nitrose Gase. Stickoxyd, Stickstoffdioxyd, salpetrige Säure, Salpetersäure. 77. 13. 323.

Nitroverbindungen. Giftwirkung aromatischer —. 87. 18. 213.

Quecksilber. Verhalten im Körper. 106. 31. 377. 107. 32. 125.

Salforkose und Schwefelkohlenstoff. Vergleichende Untersuchungen. 99. 28. 136.

Salpetersäure. Wirkung auf den Menschen. 77. 13. 311.

Schwefelwasserstoff. Einfluß auf Gasbestand des Blutes. 109. 32. 44.

Schwefelwasserstoffwirkung. Mechanismus der —. 109. 32. 50.

Terapin (Sangajol) und Terpentin. Vergleichende Untersuchungen über die Giftigkeit. 83. 14. 239.

Triolin und Linoleum. Abgabe gesundheitsschädlicher Stoffe an Raumluft. 97. 26. 47.

Zyangas (Dizyan). Zur Kenntnis des —es. 79. 13. 1.

21d. Staub, Rauch.

Absorption luftdisperser fester Phasen durch die Atmungswege. 105. 31. 101.

Atemschützer „Lix". Praktische Brauchbarkeit. 91. 22. 277.

Basophile Substanz. Physikalisch-chemische Eigenschaften in den jugendlichen Erythrocyten. 98. 27. 95.

— Die Wirkung der Fixierung und Einfluß der Wasserstoffionen-Konzentration der Farblösungen auf die Darstellbarkeit. 99. 28. 236.

Basophil-granulierte Erythrozyten. Erzeugung im Tierversuch durch feuchte Wärme. Ein Beitrag zur Bewertung der punktierten roten Blutkörperchen für die Frühdiagnose der Bleivergiftung. 99. 28. 181.

— Wert für die Frühdiagnose der Bleivergiftung. 111. 34. 49.

Basophil veränderte Blutkörperchen. Vorkommen bei Menschen ohne Bleieinwirkung. 109. 32. 199. 102. 29. 111.

Baumwollspinnereiberuf. Zur Gewerbehygiene des —s. 94. 24. 105.

Blei. Bestimmung in organischen Substanzen, besonders in Kot und Harn. 96. 26. 289.

— Mikrobestimmungen. 99. 28. 158.

— Quantitative Bestimmung in Stuhl und Urin und ihre Bedeutung für die Diagnose der Bleivergiftung. 104. 30. 215.

Bleikolik. Zur Frage der —. 99. 28. 248.

Bleikranke. Klinische Beobachtungen. 96. 26. 301.

Bleistaub. Inhalation von —. 91. 22. 301.

— Veränderung des Blutbildes nach Inhalation. 91. 22. 293.

Bleivergiftung. Prüfung von Hammelblutkörperchen. 99. 28. 165.

— Bedeutung der „Vitalfärbung" für die Diagnose. 99. 28. 227.

— Beurteilung des roten Blutbildes unter Berücksichtigung verschiedener Darstellungsmethoden der polychromaten und basophil punktierten Erythrocyten. 97. 26. 277.

— Blutumsatz bei chronischer —. 98. 27. 1.

— Diagnose. 98. 27. 43.

— Experimentelle Beiträge zum Studium der chronischen —. 94. 24. 1.

— Neue tierexperimentelle Untersuchungen über den Wert der basophil-granulierten Erythrozyten für die Frühdiagnose der —. 96. 26. 321.

— Zeitliches Auftreten der basophilen Körnelung. 94. 24. 298.

Bleiwirkung. Hämatologische Diagnosestellung. Vorschlag einer Standardfärbung der granulopolychromaten Erythrozyten. 94. 24. 306.

Brauneisenstein-Bergarbeiter. Lungenentzündungen bei —n. 104. 30. 175.

Chromat-Pneumokoniose. Zur Pathologie der —. 104. 30. 166.

Gewerbestaub-Inhalataion. Veränderungen im roten Blutblid im Tierexperiment. 102. 29. 133.

Kupferstaub. Einwirkung von — auf den tierischen Organismus unter besonderer Berücksichtigung der gewerbehygienischen Verhältnisse. 105. 31. 202.

Manganvergiftung. Versuche zur Frühdiagnose der gewerblichen —. 92. 24. 77.

Respiratoren. Über die Wirkung der gebräuchlichen —. 74. 11. 143.

Saturnismus. Muskelkraft bei —. 101. 29. 107.

Staub. Der anorganische — der Atemluft in industriellen Großbetrieben und seine gravimetrische Bestimmung. 95. 25. 174.

— Quantitative Adsorption durch Versuchstiere. 85. 16. 309.

Staubbestimmung. Quantitative —en in Fabriken. 100. 28. 174.

Staubsaugungen. Wirkung auf den Staub- und Keimgehalt der Luft in einigen gewerblichen Betrieben mit spezieller Berücksichtigung der hiefür anwendbaren Untersuchungsmethoden. 86. 17. 1.

Sulfobleiweiß und Karbonatbleiweiß. Vergleichende Untersuchungen über die Giftigkeit. 101. 29. 234.

Zementarbeiter. Basophil-granulierte Erythrozyten im strömenden Blute Thüringer —. (Zugleich ein Beitrag zur Frage der Gesundheitsverhältnisse in der Zementindustrie.) 99. 28. 256.

22. Schwangere, Säuglinge, Kindesalter einschließlich Schule.

Brustmilchstuhl. Bakteriologie. 94. 24. 198.
Diphtherie. Ausbreitung in Schule und Haus. 111. 34. 38.
Fortbildungsschuljugend. Die Münchner — nach dem Krieg. 93. 23. 79.
Gravidität. Abderhaldensche Reaktion. 85. 16. 61.
Jugendliche. Körperlicher Zustand der —n Düsseldorfs nach dem Kriege. 92. 24. 169.
Kindermilch. Milch brünstiger Kühe als —. 78. 13. 219.
Puerperale Prozesse. Prognostische und praktische Verwertung bakteriologischer Befunde bei —n. (Beobachtungen an Schwangeren, Kreißenden und Wöchnerinnen.) 79. 13. 72.
Säuglinge. Sterblichkeit, Todesursachen und Ernährung Münchner —. 93. 23. 280.
Schulspeisung. Untersuchungen über die Berliner —. 85. 16. 1.
Volksschulkinder. Messungen von Düsseldorfer —n. 94. 24. 276.

23a. Krankenhaus.

Altersheim. Typhus- und Paratyphusbazillenausscheider in einem —. 110. 33. 191.
Irrenanstalten. Typhusbekämpfung in den öffentlichen — Deutschlands. 80. 13. 109.

23b. Heeressanitätswesen.

Heeresbrot. Biologische Wertigkeit für Ratten (Vergleich mit Roggenvollkorn- und Weißbrot). 110. 33. 164.
Reichsheer. Sportärztliche Erfahrungen. 93. 23. 239.
Truppe. Wasserversorgung im Kriege. 88. 19. 93.

24. Tumoren.

Karzinom. Beitrag zur Frage der örtlichen Häufung. 111. 34. 23.
Teer und Tumorbildung. 104. 30. 105.
Tumortransplantation. Zur Frage der heterologen —. 103. 30. 298.

25. Infektionskrankheiten.

25a. Technik.

Abderhaldensche Reaktion. Studien zur — (Methodik, Gravidität, Tuberkulose). 85. 16. 61.
Akzessorische Nährstoffe. Bedeutung für Verwendungsstoffwechsel der Typhus-Coli-Gruppe. 106. 31. 185.
Anaërobenkultur. 101. 29. 257.
Bakterien-Reinkulturen. Bestimmung der Keimzahl. 89. 20. 47.
Bakteriologische Nährmittel. Leistungsfähigkeit der Benzidinprobe zum Nachweis der Blutperoxydasen in —n. 94. 24. 136.
Berkefeldkerzen. Porengröße und Strömungsgeschwindigkeit. 91. 22. 273.
Colibazillen. Kosers Harnsäure und Zitratprobe zum Nachweis fäkaler —. 107. 32. 234.
Colititerbestimmung eines Wassers, vereinfachte Methode. 96. 26. 262.

Drigalskiagar. Über die Regeneration von —. 87. 18. 316.

Elektive Cholera-Nährböden. Chemismus. 85. 16. 265.

Filterkerzen. Verfahren, verstopfte — wieder durchgängig zu machen. 91. 22. 269.

Gefäß. Neuartiges — zur einwandfreien Entnahme und Beförderung von Wasser- und anderen Flüssigkeitsproben für die bakteriologische Untersuchung. 112. 34. 260.

Gruber-Widalsche Reaktion. Technik von Massenuntersuchungen. 80. 13. 56.

Impfstoffbereitung. Diagnose der Abtötungstemperatur. 105. 31. 373.

Indifferente Suspensionsflüssigkeiten für Bakterien. Äquilibrierte Salzlösungen als —. 89. 20. 175.

Indolnachweis in Bakterienkulturen. 102. 29. 179.

Katgutuntersuchung, qualitative. 105. 31. 355.

Keimzählung mittels flüssiger Nährböden und Kolititer. 84. 15. 151. 85. 16. 117. 88. 19. 241.

Keimzählungsverfahren. Skarsches — zur Bestimmung des Bakteriengehaltes der Milch. 98. 27. 37.

Kontrastfilter. Ein- und zweifarbige — in der bakteriologischen Mikroskopie. 110. 33. 33.

Lackmusmolke. Nährlösung nach Seitz als Ersatz. 76. 12. 300.

Liquor cerebrospinalis. Antikörper-Nachweis im —. 80. 13. 196.

Luftbakterien. Qualitative Untersuchung. 96. 26. 182.

Milzbrandsporen. Gewinnung resistenter —. 89. 20. 191.

Mörser mit Cellophanschutz zur gefahrlosen Verreibung von bakteriellen, reizenden und giftigen Substanzen. 104. 30. 386.

Optimale Nährböden zur Nachkultur bei der Prüfung von Desinfektionsverfahren. 87. 18. 232.

Polgefärbte pestbazillenähnliche Stäbchen. Darstellbarkeit bei verschiedenen Bakterienarten. Die Polfärbbarkeit als vitale, durch Bakterienwachstum in wasserreichen Nährmedien bedingte Erscheinung. 90. 22. 136.

Proteushaltiges Material. Isolierung pathogener Mikroorganismen mittels Agarplatten mit Karbolsäurezusatz bzw. Eichloffblauplatten. 89. 20. 295.

Reduktionsmethoden, bioskopische. I. Der Wert der Nitroreduktionsmethode als absolut-quantitative Methode. 95. 25. 280.

— II. Vergleichende Untersuchungen mit der Nitro- und der Methylenblau-Reduktionsmethode und ihre Verwendbarkeit für Stoffwechseluntersuchungen an Bakterien. 96. 26. 195.

— Bemerkungen zu den gleichnamigen Mitteilungen von O. Kirchner. 97. 26. 94.

Saugpipette. Neuer Typus einer — für serologische Reaktionen, besonders für die Wassermannsche Reaktion. 91. 22. 253.

Schimmelpilzuntersuchung. Technik. 96. 26. 227.

Schutzvorrichtung in bakteriologischen Laboratorien. 112. 34. 342.

25b. Biologie der Bakterien.

Aktuelle Reaktion im Innern der Bakterienzelle. 89. 20. 327.

Algenphagozytose. Untersuchungen über —. 93. 23. 43.

Antagonismus des Milzbrandbazillus gegenüber dem „Bacterium coli". 110. 33. 348.

Anthrakozidie. Über —. 107. 32. 108.

Antigene Struktur und Spezifität. 101. 29. 308.

Arbeitsleistung eigenbeweglicher Bakterien. 88. 19. 139.

Bakterienantagonismus innerhalb der gleichen Arten. 111. 34. 197.

Bakteriengifte. Gültigkeit des Arndt-Schulzschen biologischen Grundgesetzes bei der Wirkung von —n. 91. 22. 231.

Bakterienkultur als Hilfsmittel experimenteller Populationsforschung. 102. 29. 71.

Bakterienpopulationen. Entstehung und Gesetze; soziologische Studien an Dysenteriebazillen. 95. 25. 1.

Bakterienvermehrung. Physiologische Grenze der —. 94. 24. 353.

Bewegung und Begeißelung der Bakterien. Untersuchungen über — und die Verwendbarkeit dieser Merkmale für die Systematik. 1. Teil: Über die Veränderlichkeit von Bewegung und Begeißelung. 82. 14. 235.

Diffusionsvorgänge. Bedeutung für das Koloniewachstum. 96. 26. 237.

Eosin. Einwirkung auf Bakterien, Hefen und Schimmelpilze. 79. 13. 141.

Fette. Zersetzung durch Bakterien. 100. 28. 271.

Filtrierbarkeit und Größe des Bacterium coli. 111. 34. 307.

Flüchtige Basen. Art und Herkunft der — von Kulturen des Bacterium Prodigiosum. 73. 11. 145.

Formwechsel der Sarzinen. I. Mitteilung: Konstantes Auftreten von gramnegativen Stäbchen. 103. 20. 235.

Gärung. Schädigung der Bakterien durch —. 86. 17. 274.

Gram-Elektivität bakteriostatisch wirkender Substanzen. 108. 32. 20.

Honig. Wirkung auf Bakterien und infizierte Wunden. 112. 34. 319.

Kapillares Steigvermögen der Bakterien im Filtrierpapier. 89. 20. 71.

Körperoberfläche. Bakterien und bakterielle Zersetzungen auf der —. 100. 28. 211.

Licht- und Temperatureinfluß auf Eiterkokken auf Linoleum, Holz, Glas und Gummi. 106. 31. 1.

M-Konzentration satzbildender Bakterien. 95. 25. 101.

Nitritbildungsvermögen der Choleravibrionen. Beeinträchtigung durch freie salpetrige Säure. 76. 12. 12.

Nitritproduktion in Kulturen von Choleravibrionen in Nitratbouillon. Beschleunigung durch deren vorhergehendes Wachstum auf verunreinigtem Boden. 76. 12. 401.

Oberfläche der Mikroorganismen. 88. 19. 274.

Oberflächenkolonien. Bedingungen der Entwicklung von —. 96. 26. 231.

Oligodynamie. Wesen der — und ähnlicher Reizerscheinungen. 94. 24. 214.

Oligodynamische Wirkung der Metalle durch Luftschichten. 112. 34. 333.

Optisches Verhalten der Bakterien. 93. 23. 14.

Paraffin. Bedeutung von Doppelbindungen im — des Handels für das Wachstum von Bakterien. 97. 26. 28.

Pathogene Bakterien. Lebensdauer auf Papiergeld. 89. 20. 63.

Reduktionsmethoden, bioskopische. 95. 25. 280. 96. 26. 195. 97. 26. 94.

Saccharin. Wirkung auf Bakterien, Plankton und Verdauungsfermente. 92. 24. 331.

Schwefelwasserstoffbildung aus Zystin durch Bakterien. 82. 14. 201.

Stickstoffumsatz bei der Denitrifikation. 95. 25. 189.

— und Zuckergehalt des Nährbodens. 74. 11. 81.

Stoffwechselvorgänge von Parasiten und Saprophyten, sowie deren praktisch verwertbare Unterschiede behufs Differenzierung. 73. 11. 153.

Teilung und Kettenbildung der Fäden von Bacillus subtilis. 91. 22. 291.

Umwandlung von Pseudodiphtheriebazillen in echte Diphtheriebazillen und ihr Vorkommen im menschlichen Speichel. 112. 34. 222.

Variationserscheinungen beim Vibrio Finkler-Proir. 83. 14. 350.
Verbreitungsfähigkeit der pathogenen Keime. 81. 13. 333.
Vermehrungsfähigkeit geschwächter Keime in künstlichen Nährböden und im Tierkörper. 95. 25. 79.
Vermehrungsgeschwindigkeit. Experimentelle Studien über die — einiger pathogenen Mikroorganismen. 81. 13. 81.
Virulenz. Verschiedene — der Tetragenusstämme. 112. 34. 70.
Vitaminfreie Nährböden. Einfluß auf die Bakterienvirulenz. 97. 26. 219.
Wassergehalt der Kulturen der rauhen und glatten Stämme der Paratyphusgruppe. 91. 22. 287.
Zersetzungsfähigkeit von Bakterien im Wasser. 74. 11. 237.
Zuckergehalt des Nährbodens und Stickstoffumsatz bei Bakterien. 74. 11. 81.

25 c. Pathogenese.

Darm. Disposition zu bakteriellen Erkrankungen in Abhängigkeit von Bakterienzahl und Schädigungsdosis. 101. 29. 205.
Fäkale Ausscheidung darmfremder Bakterien. 82. 14. 337.
Geschwächte Keime. Vermehrungsfähigkeit im Tierkörper. 95. 25. 79.
Infektion per os. Ablauf unter wechselnden Lebensbedingungen. 101. 29. 117.
Körperfremde Bakterien. Bedingungen der Ansiedlung im Verdauungsstraktus. 102. 29. 324.
Magensaft. Keimtötende Wirkung auf die Bazillen der Typhus-Coli- und der Ruhrgruppe. 88. 19. 130.
Obere Luftwege. Schicksal der auf sie gelangten Bakterien. 111. 34. 271.
Recidive, experimentelle bei Bazillenträgern. 108. 32. 57.
Parasit und Krankheit. Beziehungen zwischen — unter besonderer Berücksichtigung der progressiven Paralyse. 93. 23. 258.
Psyche und Infektion. 109. 32. 333.
Toxinbildungsvermögen der Paratyphusbazillen und seine Beziehungen zur Pathogenität. 99. 28. 209.
Virulenz. Ursache der verschiedenen — von Tetragenusstämmen. 112. 34. 70.

25 d. Immunität, Serologie, Resistenz.

Abderhaldensche Reaktion. Methodik. 85. 16. 61.
Abrus- und Rizinus-Samen. Studien über —. 81. 13. 273.
Agglutination als Hilfsmittel zur Identifizierung farblos gewordener Prodigiosuskeime. 104. 30. 99.
— Beeinflussung durch blanke Metalle (Ag u. Cu). 92. 24. 211.
Agglutinationsreaktion. Unzuverlässigkeit bei der Diagnose der Paratyphus-D-Bazillen. 76. 12. 313.
Alexine. Wirkungsbereich im Blutserum der Haustiere. 89. 20. 355.
Anaphylaktischer Schock. Bedeutung des Lungenödems beim — des Meerschweinchens. 94. 24. 209.
Anaphylaktogene. Serumglobulin und Serumalbumin als —. 91. 22. 165.
Anaphylatoxin, charakterisiert durch eine eigenartige Flockungs-Phase der Serum-Globuline. 89. 20. 101.
Anaphylatoxinbildung. Physikalische Theorie. (Historische Bemerkungen zu der Arbeit von H. Dold: „Anaphlatoxin, charakterisiert durch eine eigenartige Flockungsphase der Serumglobine.") 89. 20. 322.
Anaphylaxie. Praktische Verwertung. 81. 13. 65.
— und Lebertätigkeit. 83. 14. 187.

Anthrakozidie. 107. 32. 108. 107. 32. 337.

Anthrakozidiefrage. Beiträge zur —. 109. 32. 351.

Antibakterielle Resistenz experimentell-rachitischer Ratten. 100. 28. 367.

Antikörper. Beeinflussung durch chronische Kohlenoxydvergiftung. 109. 32. 135.

Antikörperfunktionen bei Komplementbindung und Ausflockung. Thermolabilität. 103. 30. 221.

Antikörper-Nachweis im Liquor cerebrospinalis. Theoretische und praktische Bedeutung. 80. 13. 196.

Antikörperproduktion. Steigerung durch unspezifische Reizwirkung intravenöser Methylenblauinjektionen. 89. 20. 161.

Atomumlagerungen bei physiologischen Vorgängen. 84. 15. 215.

Bakterioskopie an der Leiche. 103. 30. 1.

Bakteriozide Leukozytenstoffe. 95. 25. 69.

Bakterizide und anthrakozide Bestandteile von Bacillus pyocyaneus und Bacillus prodigiosus. 107. 32. 337.

Bakterizide Immunkörper. Verhalten im Blutserum nach der Typhusschutzimpfung. 87. 18. 192.

Bakterizider Reagenzversuch. Diagnostischer Wert bei Typhus. 76. 12. 77.

Bakterizidie des Normalserums. Einfluß intravenöser Proteinkörperzufuhr. 91. 22. 217.

— Phagozytose und Resistenz d. Erythrozyten bei Alkoholgenuß. 84. 15. 337.

— von Geweben, Cerebrospinalflüssigkeiten, Exsudaten und Transsudaten nebst in vivo-Versuchen mit künstlich erzeugten Abszessen. 110. 33. 143.

Biologische Eiweißdifferenzierung. Methodik. 92. 24. 158.

Blutbahn. Schicksal der in die — geschickten Bakterien. 73. 11. 265.

Blutkörperchen. Keimtötende Kraft der weißen —. 74. 11. 289.

Blutserum anämischer Tiere. Wirkung. 75. 12. 290.

Blutzellen. Antisera gegen hochkoagulierte —. 103. 30. 75.

Cholera- und Typhusschutzimpfung. Kriegserfahrungen. 93. 23. 151.

Disposition während der verschiedenen Phasen des Genitalzyklus bei weißen Mäusen. 103. 30. 379.

Empfänglichkeit reinrassiger weißer Mäuse und von Mäusebastarden gegenüber Milzbrandbazillen. 110. 33. 133.

Epiphaninreaktion. Studien über —. 83. 14. 77.

Flockungsreaktion. Quantitative Ausgestaltung. 94. 24. 255.

Giftresistenz. Beziehung zwischen — und Fettgehalt weißer Mäuse. 105. 31. 275.

Gruber-Widalsche Reaktion. Vorkommen bei Nichttyphuskranken. 97. 26. 299.

— bei typhusschutzgeimpften Franzosen und ihre Bewertung für die Diagnosestellung. 84. 15. 193.

Hühnercholera-Immunserum. Schutzstoffe. 76. 12. 343.

— Wirkungsweise. 79. 13. 59.

Immunisationseffekt der kleinen Typhusimpfstoffgaben bei den Wiederimpfungen. 87. 18. 180.

Immunität bei der Diphtherie. 106. 31. 32.

Immunitätsreaktionen der Antisera gegen kochkoagulierte Blutzellen. 103. 30. 75.

Immunkörperbildung. Einfluß gewerblicher Gifte. I. Mitteilung: Blei. 106. 31. 271.

— Einfluß gewerblicher Gifte. 107. 32. 1.

Immunpräzipitine. Bildung im Tierkörper. 82. 14. 321.

Infektion per os. Ablauf unter wechselnden Lebensbedingungen. 101. 29. 117

Influenza. Immunität bei —. 80. 13. 142.

Kaninchenleukozyten. Wirkungsweise. 78. 13. 163.

Kieselsäurehämolyse. 80. 13. 43.

Komplement. Studien über das —. 76. 12. 284.

Leukine. Beiträge zur Kenntnis. 90. 22. 373.

— Bildung der —. 75. 12. 167.

— Bildung und Wirkung der —. 81. 13. 372.

Leukinproduktion. Beziehungen zur Phagozytose. 102. 29. 183.

Leukozyten. Quantitative Verhältnisse der Keimabtötung. 75. 12. 224.

— Wirkungsweise auf saprophytische Keime. 74. 11. 345.

Lysozymwirkungen im Tierkörper. 96. 26. 277.

Meerschweinchenleukozyten. Wirkung auf verschiedene Proteusstämme. 74. 11. 211.

Natürliche Resistenz gegen Infektionskrankheiten. Erhöhung durch Chlorkalzium. 80. 13. 261.

Ottern. Serumtherapie bei Bissen europäischer —. 103. 30. 165.

Paragglutination. 86. 17. 151.

Phagozytose. Beziehungen zwischen — und Leukinproduktion. 102. 29. 183.

Psyche und Infektion. 109. 32. 333.

Rezidive. Experimentelle — bei Bazillenträgern. 108. 32. 57.

Rotes Blutbild der Zementarbeiter. 99. 28. 60.

Schutzkraft, natürliche, in Entwicklung begriffener Hühnereier. 77. 13. 369.

Seroskopisches Verhalten der Sera nach Einsaat von Kaolin, Agar, Inulin und Stärke. 89. 20. 373.

Serum-Agglutination. Physikalisch-chemische Untersuchungen über die —. 80. 13. 62.

Serumtherapie bei Bissen europäischer Ottern. 103. 30. 165.

Tierindividualität. Bedeutung der — und einiger anderer Faktoren für die spezifischen Qualitäten der Paratyphus-B-Antisera. 79. 13. 335.

Toxin-Antitoxin-Gemische. Möglichkeit von Impfschädigungen durch prophylaktische Anwendung. 97. 26. 97.

Typhus-Schutzimpfung und Typhus-Morbidität. 101. 29. 369.

Vibrioneninfektion des Meerschweinchens. 73. 11. 341.

25e. D'Hérellesches Phänomen (Bakteriophagen).

Bakteriophagen. Abbau lebender Bakterien durch —. 92. 24. 251.

— Hämolyse-Effekt an Paratyphus-A-Bakterien. 101. 29. 380.

— Bindung des —. 99. 28. 118.

— Desinfektionsversuche mit —. 92. 24. 1.

— in Abwässern. 101. 29. 318.

— M-Konzentration von Bakterien und —. 94. 24. 54.

— Untersuchungen an Kolibakterien der Kuh. 98. 27. 193.

— Verhalten übertragbarer Lysine in der Zirkulation von Kalt- und Warmblütern. 91. 22. 255.

Bakteriophagenproblem. Beiträge zum —. 92. 24. 312.

Bakteriophagenwirkung beim Bacillus pyocyaneus. 93. 23. 267.

— Hemmung durch Gelatine. 92. 24. 61.

Phänomen von d'Hérelle. Untersuchungen über —. 92. 24. 189.

Proteusbakteriophagen. Einfluß auf das Schwärmvermögen von Proteusbazillen. 108. 32. 359.

Pyocyaneusbakteriophagen. 92. 24. 109.

25f. Chemotherapie.

Chemotherapeutische Beeinflussung der experimentellen Lungentuberkulose. 103. 30. 66.

Chemotherapeutische Untersuchungen mit Chinin-Weil bei der Vogelmalaria und der Pneumokokkeninfektion der weißen Mäuse. 108. 32. 188.

Gallium. 100. 28. 143.

25g. Allgemeine Epidemiologie.

Abdominaltyphus. Verbreitungsweise. 108. 32. 221.

Bakterielle Variabilität. Epidemiologische Bedeutung. 103. 30. 258.

Banginfektionen. Serologische und bakteriologische Untersuchungen über das Vorkommen von menschlichen — im Freistaat Sachsen. 108. 32. 113.

Cholerabekämpfung in Rumänien. 84. 15. 1.

Diphtherie. Ausbreitung in Schule und Haus. 111. 34. 38.

Diphtheriepandemie. Zur Aufteilung der — des 19. Jahrhunderts in drei Seuchenzüge. Das Ansteigen der Diphtherie in den Rheingegenden im 19. Jahrhundert. 99. 28. 130.

Endemischer Kropf. Epidemiologische Untersuchungen über den —. 81. 13. 128.

— experimentelle Untersuchungen. 85. 16. 139. 86. 17. 212.

Englischer Schweiß und Schweißfriesel in Rußland. 107. 32. 243.

Epidemien. Bedeutung von Doppelbefunden von Typhus- und Paratyphusbazillen für die Aufklärung. 112. 34. 1.

Geisteskranke. Gruber-Widal-Reaktion. 108. 32. 348.

Gelbfieber. Entwicklungsgeschichte. 111. 34. 104.

Infektion einer Zentralwasserleitung mit B. proteus vulgare. 102. 29. 37.

Influenza. Zur Immunität bei —. 80. 13. 142.

Influenzaproblem. Experimentelle und epidemiologische Studien zum —. 105. 31. 133.

Karzinom. Örtliche Häufung. 111. 34. 23.

Kleinste Tröpfchen. Mechanik. 89. 20. 262.

Kuhmilch. Pathogenität krankhaft veränderter Streptokokkenstämme für den Menschen. 107. 32. 309.

Kropfendemie. Verlauf in einigen Schweizerdörfern. 111. 34. 136.

Laboratoriumsinfektionen mit Typhusbazillen und anderen Bakterien. 101. 29. 137.

Malaria in Reisgegenden. 92. 24. 244.

— Die Verbreitung der einheimischen — in Deutschland. 80. 13. 84.

Masern. Das Wandern der — im Binnenland. 104. 30. 72.

Massenausstreuung von Bacillus enteritides Gärtner. 76. 12. 206.

Paratyphus-B. Epidemiologie im Felde. 88. 19. 310.

Paratyphusproblem. Variabilitätsfragen. 100. 28. 309.

Pestähnliche Lymphdrüsenentzündungen in Rußland 1876/79 und ihre Beziehungen zur Tularämie in der Sowjetunion 1921/28. 105. 31. 210.

Pneumonieepidemien. Vorkommen und Pathogenese. 108. 32. 94.

Robert Koch. Die ersten Beurteilungen — —s durch die Schule Pettenkofers. 112. 34. 167.

Ruhr. Zur Kenntnis der — des östlichen Kriegsschauplatzes. 88. 19. 219.

Spinale Kinderlähmung in Freistaat Sachsen in den Jahren 1923 bis 1927 unter besonderer Berücksichtigung der Epidemie im Jahre 1927. 101. 29. 65.

Tetragenusstämme. Ursache ihrer verschiedenen Virulenz. 112. 34. 70.

Trinkwasser-Epidemien. Zur Frage der —. 101. 29. 5.

Typhus. Disposition zu —. 105. 31. 272.

Typhus. Epidemiologie des — in München während der Sanierungsperiode. 83. 13. 255. 84. 15. 181.

— Paratyphus, Ruhr und Nahrungsmittelvergiftung im Regierungsbezirk Münster i. Westfalen in den Jahren 1925—31. 109. 32. 85.

— und Trinkwasser. (Eine epidemiologische Studie über die Pforzheimer Typhusepidemie 1919). 102. 29. 10.

— Untersuchungen zur Epidemiologie. 96. 26. 352.

— Variabilität der Inkubationszeit. 107. 32. 186.

— Verbreitung durch Abfallstoffe. 100. 28. 1.

Typhus- und Paratyphusbazillen-Ausscheider in einem Altersheim. 110. 33. 191.

Typhusbazillenträger. Maßnahmen gegen — durch das Reich. 93. 23. 62.

Typhusbekämpfung in den öffentlichen Irrenanstalten Deutschlands. 80. 13. 109.

Typhuserkrankungen. Durchfälle als Vorläufer von —. 110. 33. 111.

s. a. **Typhusschutzimpfung.**

Trichophytie als Gewerbekrankheit. 92. 24. 329.

Wasserkrankheit. Über die sogenannte —. 109. 32. 1.

— Alte Beobachtungen über die sogenannte —. 112. 34. 217.

Wasserwerksangestellte. Bakteriologische Überwachung. 107. 32. 277.

Weilsche Infektion. Vorkommen in Holland während der Jahre 1924—1929. 103. 30. 249.

— in Holland während der Jahre 1924—1930. 105. 31. 29.

Wohnungen. Typhusbefall bei wechselndem Epidemiecharakter. 107. 32. 11.

Zivilisationsseuchen. Beitrag zum Problem der —. 101. 29. 338.

25h. Ungeziefer und seine Bekämpfung.

Blausäureausgasungen. Durchschnittliche Blausäurekonzentration bei praktischen —. I. Mitteilung. 100. 28. 130.

Entlausungskasten. Desinfektionsversuche mit den Hartmannschen —. 88. 19. 40.

Fliegenbrut in Rinderkot. Wirkung von Ammoniak, Ameisensäure, Ammonchlorid, Schwermetallsalzen und Mineralgiften. 97. 26. 90.

Fliegenplage und ihre Bekämpfung. 97. 26. 82.

Salfarkose und Schwefelkohlenstoff. Vergleichende Untersuchungen. 99. 28. 196.

Schädlingsbekämpfung mit Arsen und Bleiverbindungen. Bedeutung für die Lebensmittelversorgung. 100. 28. 57.

25i. Desinfektion.

Adhäsion und Desinfektion und deren graphische Registrierung. 105. 31. 35.

Adsorgan. 103. 30. 365.

Alkohol-Seifenpasta. Desinfektionswirkung. 81. 13. 48.

Ammoniak, Ameisensäure, Ammonchlorid, Schwermetallsalze und Mineralgifte. Wirkung auf Fliegenbrut in Rinderkot. 97. 26. 90.

Ausgleichs- und Fehlerrechnung bei Desinfektionsversuchen. 98. 27. 23.

Carvaseptpräparate. Desinfektionswirkung. 110. 33. 335.

Chloramin-Heyden. Vergleichende Untersuchungen über — („Clorina") und Sagrotan. 105. 31. 229.

— Bemerkungen zu vorstehender Entgegnung von Pels-Leusden. 107. 32. 391.

— Entgegnung auf vorstehende Bemerkungen von Prof. Laubenheimer. 107. 32. 388.

— Schlußbemerkungen. 107. 32. 394.

— Vergleichende Untersuchungen. 107. 32. 386.

— **und Chlorkalk.** Mechanismus der Desinfektionswirkung. 97. 26. 176.

Chlor-Xylenol-Sapokresol („Sagrotan"), ein neues Desinfektionsmittel. 82. 14. 76.

Cholerabekämpfung in Rumänien. 84. 15. 1.

Dampfdesinfektion großer Räume. 85. 16. 41.

Dampfdesinfektionsapparate. Zweckmäßigste Bau- und Betriebsweise. 110. 33. 65.

Dampfrestistenz der Tetanussporen. 94. 24. 88.

Desinfektionsmittel. Gewinnung von neuen —n aus Thymol und Carvacrol. 105. 31. 15.

— Wirkung auf anaerobe Keime, besonders der Mundhöhle und der Zähne. 111. 34. 278.

Optimale Nährböden zur Nachkultur bei der Prüfung von Desinfektionsverfahren. 85. 16. 189.

Desinfektionsversuche mit Bakteriophagen. 92. 24. 1.

Emulgierung und keimtötende Wirkung. 107. 32. 268.

Entwicklungshemmende Wirkung einiger organischer Stoffe in Lösung und in Dampfform. 73. 11. 195.

Formaldehyddämpfe. Tiefenwirkung der Desinfektion mit —n. 80. 13. 310.

Formaldehydlösungen. Desinfektionswirkung wässeriger —. 90. 22. 239.

Formaldehyd-Raumdesinfektionsverfahren. Apparatloses — mit besonderer Berücksichtigung der Kalk-Schwefelsäuremethode. 80. 13. 334.

Formaldehyd-Raumdesinfektion. Wirksamkeit. 87. 18. 235.

Formalin-Vakuum-Desinfektion. Tropfverfahren bei —. 112. 34. 349.

Füllmaterial für Decken, Matratzen und Betten. Reinigung. 111. 34. 350.

Gasbeleuchtung. Desinfizierende Wirkung auf Zimmerluft. 83. 14. 155.

Geroxyl. 102. 29. 1.

Gonokokkenabtötende Mittel in eiweißhaltiger Umgebung. 112. 34. 181.

Honig. Wirkung auf Bakterien und infizierte Wunden. 112. 34. 319.

Hygroskopische Körper. Thermisches Verhalten im wasserdampffreichen Raume. Ein Beitrag zur Theorie der Dampfdesinfektion. 91. 22. 41.

Kohlensäure. Keimtötende Kraft. 110. 33. 211.

Keimtötungsvermögen eines neuen Kresolseifenpräparates (Geroxyl) und anderer Seifen (u. a. Persil). 102. 29. 1.

Kresole. Desinfektionswirkung. 92. 24. 139.

— Keimtötende Wirkung der drei isomeren — sowie von Kresolgemischen in alkalischen Seifenlösungen bei tuberkulösem Sputum. 111. 34. 127.

Kupfersalze. Oligodynamische Wirkung auf Bakterien. 89. 20. 253.

Licht. Abtötung von Bakteriensporen. 91. 22. 177.

Metalle. Oligodynamische Wirkung durch Luftschichten. 112. 34. 333.

Milzbrandige Felle und Häute. Das Seymour-Jonessche Sublimat-Ameisensäure-Verfahren. 87. 18. 289.

— Desinfektion in Salzsäure-Kochsalzgemischen. 78. 13. 1.

Milzbrandhaltige Rohhäute. Nachprüfung der von Seymour-Jones und Schattenfroh vorgeschlagenen Desinfektionsmethoden. 79. 13. 168.

Milzbrandsporen. Resistenz gegen Chlor, Pickelflüssigkeit, Formaldehyd und Sublimat. 89. 20. 363.

— Gewinnung resistenter —. 89. 20. 191.

Neues Sterilisierprinzip von Clemmesen, Untersuchungen über das —. 106. 31. 381.

Oligodynamie und ähnliche Reizerscheinungen. Vorläufige Mitteilung. 94. 24. 214.

Optimale Nährböden zur Nachkultur bei der Prüfung von Desinfektionsverfahren. 87. 18. 232.

Parol. 92. 24. 231.

Persil. 102. 29. 1.

Photodynamische Wirkung von Farbstofflösungen auf Bakterien bei Einwirkung des Phosphoreszenzlichtes. 106. 31. 133.

Rauschbrandsporen. Dampfresistenz. 91. 22. 245.

Sagrotan. 82. 14. 76.

Seifen, Keimtötungsvermögen. 102. 29. 1.

Silargel und Adsorgan. Bakterizide Wirkung. 103. 30. 365.

Silbernitrat. Hemmende und tötende Wirkung in Nährböden. 110. 33. 38.

Stühle. Einfaches Verfahren, infektiöse — zu desinfizieren. 78. 13. 129.

Sublimat. Desinfektionswirkung. 90. 22. 23.

— Mikrochemische Untersuchungen über das Eindringen des — in den Bakterienleib. 93. 23. 252.

— Rolle der Adsorption bei der Einwirkung auf Bakterien. 89. 20. 351.

Thermische Sterilisation wasserfreier Stoffe und die Resistenz einiger Bakterien bei Erhitzung in solchen Stoffen. 109. 32. 67.

Thymol und Carvacrol. Neue Desinfektionsmittel aus —. 105. 31. 15.

Tuberkelbazillen. Abtötung im Sputum mit chemischen Desinfektionsmitteln. 90. 22. 291. 111. 34. 127.

Tuberkulöser Auswurf. Desinfektion mit chemischen Desinfektionsmitteln. II. Mitteilung. 91. 22. 65.

— Berichtigung hierzu. 91. 22. 182.

— III. Mitteilung: Die Wirkungsweise alkalischer Phenolpräparate. Die Kresollaugen. 92. 24. 31.

— Desinfektion durch chemische Mittel. IV. Mitteilung: Die Verwendung des Chloramins. 93. 23. 343.

— V. Mitteilung: Das Parmetol (Parol). 92. 24. 293.

— VI. Mitteilung: Leicht lösliche alkalische Kresolpräparate. Schlußbemerkungen. 92. 24. 304.

Überlebende Bazillen in Sterilisationsproben. 112. 34. 315.

Verbandstoffe. Sterilisierung in durchsichtigen Hüllen. 108. 32. 328.

Wasserstoffsuperoxyd. Wirkung auf aerobe Sporenbildner. 98. 27. 176.

Zahnbürsten. Keimgehalt und Entkeimungsmöglichkeiten. 107. 32. 155.

25 j. Coccen.

Eiterkokken. Absterben auf Linoleum, Holz, Glas und Gummi. 106. 31. 1.

Enterokokken als Krankheitserreger und Saprophyten. 111. 34. 11.

Meningokokkentypen. I. Mitteilung. 94. 24. 174.

— II. Mitteilung. 95. 25. 263.

Micrococcus tetragenus. Kapselfrage. 91. 22. 349.

Pneumokokken bei Meerschweinchen und Kaninchen. 111. 34. 243.

— Kapselbildung im Immunserum. 75. 12. 393.

— Lösung in Galle. 103. 30. 107.

Pneumokokkenerkrankungen. Typendifferenzierung bei —. 112. 34. 188.

Pneumokokkeninfektion der weißen Mäuse. Chininbehandlung. 108. 32. 188.

Pneumokokkeninfektionen während einer Grippeepidemie. 112. 34. 188.

Pneumonien. 100 — und ihre Erreger. Zugleich ein Beitrag zur Frage der Rassen- oder Typenbildung bei den Pneumokokken. 94. 24. 163.

Pneumonieepidemien. Vorkommen und Pathogenese. 108. 32. 94.

Puerperale Prozesse. Verwertung bakteriologischer Befunde. 79. 13. 72.

Sarcina tetragena. Bedeutung der Kapsel für die Virulenz. 91. 22. 209.

Sarzinen. Formwechsel. 103. 20. 235.

Sarzinen. Häufigkeit in Luft und Herkunft. 76. 12. 293.

Staphylokokkeninfektion beim Kaninchen. Beziehungen zwischen Kohlehydratstoffwechsel und —. 107. 32. 255.

Staphylococcus pyogenes. Untersuchungen über —. 81. 13. 92.

Streptococcus acidi lactici. Abgrenzung des — von Streptococcus pyogenes und Streptococcus lanceolatus. 75. 12. 121.

Streptokokken. Beobachtungen bei blutlösenden und bei gramnegativen —. 76. 12. 137.

— (Leukozidine, allgemeine Cytozidine, Organozidine). In vitro nachweisbare Zell- und Organgifte. 103. 30. 10.

Streptokokkenbefunde in Zahnwurzelgranulomen. 109. 32. 297.

Streptokokkengehalt aseptisch entnommener Milch. 73. 11. 81.

25k. Typhus-Coligruppe.

Bacillus Paratyphi B. Experimentelle Pseudotuberkulose durch eine Varietät des —. 78. 13. 327.

Bacterium coli. Antagonismus des Milzbrandbazillus gegenüber —. 110. 33. 348.

— Einfluß der Züchtungstemperatur auf die Morphologie und die Vermehrungsgeschwindigkeit. 107. 32. 290.

— Filtrierbarkeit und Größe. 111. 34. 307.

Bacterium enteritidis Gärtner. Massenausstreuung. 76. 12. 206.

Bacterium Paratyphi A. Beitrag zur Kenntnis. 86. 17. 147.

— hämolyticum. 101. 29. 380.

Bacterium typhi flavum. Bedeutung für die Epidemiologie des Typhus abdominalis. 104. 30. 330.

Colibazillen der Kuh. Bakteriophagen. 98. 27. 193.

— fäkale. Nachweis im Wasser. 107. 32. 234.

— quantitative Bestimmung im Wasser. 79. 13. 301.

— als Erreger der sog. Wasserkrankheit. 109. 32. 1.

Coligruppe bei Tierkrankheiten. 82. 14. 1.

Colinachweis im Wasser. Nachprüfung der Methode von Vincent. 109. 32. 31.

Doppelbefunde von Typhus- und Paratyphusbazillen. Bedeutung für die Aufklärung von Epidemien. 112. 34. 1.

Dysenteriebazillen. Soziologische Studien an —. 95. 25. 1.

Faecalis alcaligenes-Gruppe. Zur Kenntnis der Bakterien der —. 87. 18. 277.

Fleischvergiftungsepidemie, bedingt durch den Genuß verschiedener Fleischwaren. 73. 11. 380.

Paratyphus-Antisera. Bedeutung der Tierindividualität und andrer Faktoren für Spezifität. 79. 13. 335.

Paratyphus A. Variationserscheinungen. 87. 18. 270.

Paratyphusbazillen. Das biologische, serologische und kapillarchemische Verhalten der — unter veränderten Lebensbedingungen. 104. 30. 239.

— Toxinbildungsvermögen und Pathogenität. 99. 28. 209.

— Ubiquität in Nahrungsmitteln. 80. 13. 216.

Paratyphus-B-Bazillen. Unzuverlässigkeit der Agglutinationsreaktion. 76. 12. 313.

Paratyphus-B-Bazillus. Ubiquität. 80. 13. 1.

Paratyphus B im Felde. Epidemiologie. 88. 19. 310.

Paratyphus C. Herkunft in Deutschland. 105. 31. 237.

Paratyphusgruppe. Wassergehalt der Kulturen der rauhen und glatten Stämme. 91. 22. 287.

Paratyphusproblem. Variabilitätsfragen im —. 100. 28. 309.

Ruhr auf dem östlichen Kriegsschauplatz. 88. 19. 219.

Stuhluntersuchungen. Bedeutung bakteriologischer — bei nichtinfektiösen Darmkrankheiten. 103. 30. 124.

Typhus. Diagnostischer Wert des bakteriziden Reagenzglasversuches. 76. 12. 77.

— in München während der Sanierungsperiode. 83. 13. 255. 84. 15. 181.

— Variabilität der Inkubationszeit. 107. 32. 186.

Typhusanreicherung durch Kapillarität. 89. 20. 71.

Typhusbazillen. Laboratoriumsinfektion mit —. 107. 32. 105.

— Laboratoriumsinfektionen mit — und anderen Bakterien. II. Mitteilung. 101. 29. 137.

Typhusbazillenträger. Maßnahmen gegen — durch das Reich. 93. 23. 62.

Typhusbazillenträgerin. Autoinfektion einer an Darmtuberkulose erkrankten — als Ursache mehrerer Kontaktinfektionen. 80. 13. 250.

Typhuserkrankungen in München durch eine Bazillenträgerin in Freising. 80. 13. 272.

Typhusimpfstoffgaben. Immunisierungswirkung kleiner — bei Wiederimpfungen. 87. 18. 180.

Typhusinfektion. Intraperitoneale — des Meerschweinchens. 74. 11. 221.

Typhus-Coli-Gruppe. Bedeutung akzessorischer Nährstoffe für Verwendungsstoffwechsel. 106. 31. 185.

— Säureagglutination und Normalagglutination. 76. 12. 1.

— Variationen in der —. 76. 12. 145.

Typhus-Koli- und Ruhrgruppe. Keimtötende Wirkung des Magensaftes auf die Bazillen der —. 88. 19. 130.

Typhus-Morbidität und Typhus-Schutzimpfung. 101. 29. 369.

Typhusschutzgeimpfte Franzosen. Gruber-Widal-Reaktion bei —. 84. 15. 193.

Typhus- und Paratyphusbazillen-Ausscheider in einem Altersheim. 110. 33. 191.

Wasserkrankheit. Alte Beobachtungen über die sogenannte —. 112. 34. 217.

Wasseruntersuchung. Quantitative — nach dem Verfahren von Eijkmann. 100. 28. 21.

251. Diphtherie.

Bacillus diphtheriae. Stoffwechsel. 79. 13. 25.

Diphtherie. Berechnung über die Ausbreitung der — in Schule und Haus. 111. 34. 38.

— Klinisch-experimentelle Untersuchung. 98. 27. 108.

— Problem der Immunität. 106. 31. 32.

Diphtheriebacillus. Frage der Menschenubiquität. 98. 27. 32.

Diphtheriediagnose. Wert der neuen Conradischen Verfahren. 83. 14. 1.

Diphtheriegiftentstehung. Beitrag zur Frage der —. 101. 29. 386.

Diphtheriestämme. Schwankungen der Virulenz bei fortgezüchteten —. 99. 28. 71.

Diphtherie-Toxin-Antitoxin-Gemische. I. Die Beziehung zwischen der Neutralisation in vivo (Lo) und der Neutralisation in vitro (Lf) bei Diphtheriegiften. 95. 25. 308. — II. Über den Einfluß der Temperatur und des Lagerns auf Diphtherie-Toxin-Antitoxin-Gemische. 95. 25. 339. — III. Die Beziehung der direkten Giftwirkung des Diphtherietoxins zu seiner Bindungsfähigkeit mit Antitoxin. Zugleich ein Beitrag zur Vorstellung über die Natur des Diphtherietoxins. 96. 26. 172. — IV. Die Bedeutung der Zone bei der Ausflockung von Di-AT-Gemischen. 96. 26. 185. — V. Die immunisierende Wirkung der

bei der Diphtherie-Toxin-Antitoxinbindung auftretenden Flocken. 96. 26. 251. — VI. Zur Kenntnis des Flockungsvorganges in DI-T.A.-Gemischen. 96. 26. 294.

Pseudodiphtheriebazillen im Speichel. Frage der Umwandlung in echte Diphtheriebazillen. 112. 34. 222.

25m. Tuberkulose.

Friedmannsche Schildkrötenbazillen. Immunisierungs- und Heilungsversuche mit — an Meerschweinchen und Kaninchen. 93. 23. 295.

Lungentuberkulose. Versuche einer chemotherapeutischen Beeinflussung der experimentellen —. 103. 30. 66.

Muchsche Granula. Bedeutung der — im Sputum Tuberkulöser. 76. 12. 245.

Mykobakterien. Zur Kenntnis der —, insbesondere ihres quantitativen Stoffwechsels auf Paraffinnährböden. 97. 26. 12.

Tuberkelbazillen. Fehlerquellen bei der Züchtung. 108. 32. 181.

— Nachweis im Sputum. 100. 28. 14.

Tuberkulinempfindlichkeit. Einfluß der Menstruation. 94. 24. 223.

Tuberkulinreaktion bei aktiver und inaktiver Tuberkulose. 92. 24. 347.

Tuberkulöser Auswurf. Chemische Desinfektion. 90. 22. 291. Berichtigung hierzu 91. 22. 182. 91. 22. 65. 91. 22. 185.

— Chloramin. 93. 23. 343.

— Desinfektion durch alkalische Phenolpräparate. Kresollaugen. 92. 24. 31.

— Leicht lösliche alkalische Kresolpräparate. 92. 24. 304.

— Parmetol (Parol). 92. 24. 293.

Tuberkulöse Infektion. Früh-Exanthem beim Kinde. (Zugleich ein Beitrag zum tuberkulösen Initialfieber.) 93. 23. 104.

Tuberkulöses Sputum. Keimabtötende Wirkung der drei isomeren Kresole, sowie von Di- und Trikresolgemischen in Form alkalischer Seifenlösungen. 111. 34. 127.

Tuberkulose. Abderhaldensche Reaktion. 85. 16. 61.

— Blutkörperchensenkungsreaktion und ihre Bedeutung für den diagnostischen Tierversuch bei —. 94. 24. 237.

— Brauchbarkeit serodiagnostischer Methoden zum Nachweis. 94. 24. 228.

— Disposition durch fieberhafte Erkrankung andrer Organe. 112. 34. 263.

Tuberkulosegesetzgebung im Deutschen Reich und ihr weiterer Ausbau. 103. 30. 84.

Tuberkulosenachweis. Neuere Methoden. 82. 14. 111.

25n. Anaerobe.

Anaerobe Keime. Wirkung von Desinfektionsmitteln. 111. 34. 278.

Anaerobenkultur. 101. 29. 251.

Bacillus botulinus. Einfluß der aeroben Mischinfektion auf Entwicklung und Toxinbildung des —. 95. 25. 121.

Tetanusbazillen. Vorkommen im Stuhl nicht tetanuskranker Menschen. 105. 31. 287.

Tetanussporen. Dampfresistenz. 94. 24. 88.

Spättetanus durch stumpfes Trauma über 14 Jahre nach der ursächlichen Kriegsverletzung. 106. 31. 235.

25o. Geschlechtskrankheiten.

Ersatz alkoholischer Organextrakte und die Aktivierung unterschwelliger Extraktdosen durch Phenol-Alkohol. 109. 32. 284.

Experimentelle Kaninchensyphilis. Bedeutung der spezifischen Entzündung für die Entstehung der Immunität bei —. 103. 30. 49.

Gonokokken abtötende Mittel. Prüfung in eiweißhaltiger Umgebung. 112. 34. 181.

Gonokokkus. Beiträge zur Morphologie und Biologie. 108. 32. 307. Bemerkungen hierzu. 111. 34. 113. Rückäußerung. 111. 34. 118.

Intravenös syphilitisch infizierter Kaninchen. Ablauf der Infektion. 103. 30. 269.

Konstantes Grundantigen zur Serodiagnose der Syphilis. 94. 24. 247.

Mäuse- und Meerschweinchen-Syphilis, experimentelle. 103. 30. 95.

Müllersche Ballungsreaktion. Wert für die Serodiagnose der Syphilis. 100. 28. 94.

Neuere Flockungsreaktionen zum serologischen Luesnachweis im Lichte vergleichender Untersuchungen. 105. 31. 334.

Serodiagnostik der Syphilis im aktiven Serum mit Hilfe der Hämagglutination von Hammelblutkörperchen durch spezifisches Kaninchenimmunserum. 108. 32. 142.

Serologie der Syphilis. Zur Theorie. 90. 22. 98.

Spirochaete pallida. Anpassung an das Gehirn: Der Einfluß des Nährbodens auf die Antigenstruktur. 103. 30. 173.

Syphilisspirochäte. Historische Bemerkung zur Entdeckung. 103. 30. 62.

Wassermannsche Reaktion. Neuere Anschauungen vom Wesen. 80. 13. 29.

— Kritik der Methodik und neue Vorschläge für die quantitative Messung der Komplementbindung. 87. 18. 1.

— Neue Saugpipette für Materialentnahme. 91. 22. 253.

— Reaktionsumschläge bei wiederholter —. 79. 13. 259.

25 p. Spirochäten, außer Spirochaeta pallida.

Spirochäten. Systematische Stellung. 91. 22. 339.

Wasserspirochäten. Filtrationsversuche. 92. 24. 325.

— Untersuchungen an —. 91. 22. 201.

Weilfrage. Beiträge zur —. 103. 30. 282.

Weilsche Infektionen in Holland 1924—1929. 103. 30. 249.

Weilsche Krankheit. Beitrag zur Epidemiologie. 89. 20. 341.

25 q. Fleckfieber, Pocken.

Fleckfieber. Agglutinations-Studien. 86. 17. 63.

— Züchtung des spezifischen Proteusstammes X 19. 87. 18. 246.

Flecktyphus. Bakteriologische Untersuchungen bei —. 81. 13. 307.

— Empfänglichkeit der Ferkel. 78. 13. 186.

Vakzineerreger. Verhalten und Verteilung des intravenös einverleibten —s im Körper des normalen und immunen Kaninchens. 92. 24. 359.

Vakzine-Virus. Verhalten gegenüber keimtötenden Stoffen. 103. 30. 132.

Variola-Vakzinestudien. II. Zur Beurteilung der Hirn- und Hodenlapine. 98. 27. 241.

Varizellen. Zelleinschlüsse bei der Hornhautimpfung mit —. 74. 11. 164.

25 r. Andre Bakterien und filtrierbares Virus.

Ascoli-Reaktion. Ist die — zur Aussonderung milzbrandinfektiöser Häute geeignet? 105. 31. 262.

Bacillus lacticus bei Zahnkaries. 94. 24. 189.

Bact. abortus Bang. Bakteriologisches, Klinisches und Tierexperimentelles zur Frage der Infektion des Menschen mit —. 102. 29. 77.

— Zur Epidemiologie der menschlichen Infektionen. 102. 29. 315.

Bacterium lactis commune. Morphologische und biologische Studien. 85. 16. 237.

B. proteus vulgare. Bakteriologische Befunde im Wasser und beim Menschen anläßlich der Infektion der Zentralwasserleitung. 102. 29. 37.

Bacterium pseudotuberculosis rodentium. Rezeptorenanalyse von 18 Stämmen. 100. 28. 181.

Bang-Agglutinine. Vorkommen in Mittelfranken und Oberpfalz. 109. 32. 61.

Cholera-Nährböden. Chemismus elektiver —. 85. 16. 265.

Dysenterie. Experimentelle — bei Hühnern und Katzen. 109. 32. 231.

Febris undulans. Zur Epidemiologie. 109. 32. 147.

Filtrierbare Vira. Untersuchungen über die Natur der — und die Resistenz des Hühnerpestvirus gegen zellschädigende Einflüsse (Gerbstoffe, Oligodynamie). 90. 22. 155.

Hämorrhagische Septikämie. Über einige bei Tierkrankheiten gefundene Erreger aus der Gruppe der — und der Coligruppe. (Kanarienvogelseuche, tuberkuloseähnlicher Abszeß beim Kaninchen, Keratitis und Konjunktivitis beim Meerschweinchen, Coliseptikämie bei Hühnern.) 82. 14. 1.

— Bemerkung zu der Arbeit von Dr. Heinz Zeiß im 82. Bd. dieser Zeitschrift „Über einige bei Tierkrankheiten gefundene Erreger aus der Gruppe der —". 83. 14. 74.

Influenza. Immunität bei —. 80. 13. 142.

— Kritische Untersuchungen über die Aetiologie. 90. 22. 254.

—-Bazillenträger und Dauerausscheider. 111. 34. 1.

Influenzaproblem. Experimentelle und epidemiologische Studien. 105. 31. 133.

Koch-Weeksche Bazillen. Untersuchungen über —. 100. 28. 5.

— Vergleichende Untersuchungen über den — und das Pfeiffersche Influenzastäbchen. 93. 23. 26.

Milzbrand des Verdauungsschlauches beim Menschen. 104. 30. 132.

Milzbrandbazillus. Bedeutung der Kapsel für die Virulenz. 89. 20. 237.

— Seine Kreislaufformen und Varietäten. 98. 27. 271.

Milzbrandkeime. Saprophytisches Wachstum auf tierischen Haaren. 89. 20. 202.

Milzbrandinfektion. Beiträge zum Studium der —. 73. 11. 218.

Pestepidemie in der Mandschurei im Jahre 1910. 97. 26. 1.

Pferdesterbe. Untersuchungen über die südafrikanische —. 103. 30. 310.

Prodigiosus. Identifizierung farblos gewordener —keime durch Agglutination. 104. 30. 99.

Psittakosis. Untersuchungen über den Erreger. 105. 31. 1.

Rotlauf- bzw. Murisepticus-Bazillen. Vorkommen in der Außenwelt und eine dadurch bedingte Fehlerquelle bei der bakteriologischen Rotlaufdiagnose. 88. 19. 199.

Rotseuche der karpfenartigen Fische. 74. 11. 110.

Säurebildende Bakterien bei tiefer Zahnkaries. 95. 25. 154.

Spinale Kinderlähmung in Sachsen 1923—1927. 101. 29. 65.

Tularaemie. Beziehungen pestähnlicher Lymphdrüsenentzündungen in Rußland 1876/79 zur —. 105. 31. 210.

Vaginalbazillus Doederleins. Vergleichende Untersuchungen ·zwischen dem — und dem Bac. acidophilus des Säuglingsdarmes. 91. 22. 143.

Vaginalflora bei Menschen und Tieren. Beziehung des Scheidensekretes zur —. 91. 22. 158.

Zahnkaries. Anatomische, bakteriologische und chemische Untersuchungen über die Entstehung der —. 84. 15. 220.

25 s. Hefe, Höhere Pilze.

Hefepopulationen. Untersuchungen über —. 99. 28. 196.
Pilze, Holzzerstörung durch —. 92. 24. 89.
Schimmelpilzuntersuchungen. Technik. 96. 96. 227.
Trichophytiepilze. Morphologie und Biologie. 90. 22. 1.

25 t. Protozoen.

Dauernd verabreichte kleine Chininmengen. Wirkung auf die Entwicklung des tierischen Organismus und dessen Neigung zu Infektionskrankheiten. Beitrag zum Studium der Prophylaxis der Malaria. 73. 11. 39.
Malaria. Verbreitung der einheimischen — in Deutschland. 80. 13. 84.
Vogelmalaria. Chininbehandlung bei weißen Mäusen. 108. 32. 188.

25 u. Unbekannte Erreger.

Englischer Schweiß und Schweißfriesel in Rußland. 107. 32. 243.
Haffkrankheit. Experimentelle Beiträge zur Ätiologie der —. I. Mitteilung. 110. 33. 266. II. Mitteilung. 110. 33. 303. III. Mitteilung. 111. 34. 214.
Influenza. Immunität bei —. 80. 13. 142.
— Kritische Untersuchungen über die Ätiologie. 90. 22. 254.
Scharlach. Zur Ätiologie des —. 94. 24. 153.

25 v. Metazoen.

Amphibien und Insekten. Hautatmung. 74. 11. 194.
Ankylostomiasis in Deutschland. Heutiger Stand nach 20 jähriger rationeller Bekämpfung. 95. 25. 209.
Fische. Rotseuche der karpfenartigen —. 74. 11. 110.
Krustazeen. Untersuchungen über das Verhalten niederer — gegenüber Bakterien im Wasser. 73. 11. 183.
Muskeltrichinen. Einfluß der Trockenpökelung. 90. 22. 336.
Otternbisse. 103. 30. 165.
Trichinen im amerikanischen Speck. 90. 22. 336.

26. Geschichte, Nachrufe u. dgl.

Diphtherie. Ansteigen in Rheingegenden im 19. Jahrhundert. 99. 28. 130.
Eijkmann Chr. 92. 24. 292.
J. Forster. Nachruf auf Professor —. 73. 11. hinter S. 144.
Gelbfieber. Entwicklungsgeschichte. 111. 34. 104.
Lehre Sydenhams von den tellurischen Ursachen der epidemischen Konstitution. Herkunft der —. 104. 30. 367.
Max v. Gruber. Dem Andenken an —. 98. 27. 145.
Max Rubner. Dem Andenken an —. 108. 32. 111.
Paul Römer. 85. 16. 299.
Robert Koch. Die ersten Beurteilungen —s durch die Schule Pettenkofer. 112. 34. 167.
Wasserkrankheit. Alte Beobachtungen. 112. 34. 217.

III. Teil.

Alphabetisches Städteverzeichnis (Forschungsstätten).

Ames (Java). Schern 81. 13. 65; .83. 14. 74.

Amsterdam. Hygienisches Institut. Swellengrebel 74. 11. 164. — Loghem van 101. 29. 308.
— Institut für Tropenhygiene. Schüffner 103. 30. 249.
— Ohne Institutsangabe. Sanders 95. 25. 365.
— Bakt. Laboratorium der „Vereenigde Amsterdamsche Melkinrichtingen". Terwen und Quelle 112. 34. 273.

Athen. Pharmakologisches Institut. Joachimoglu und Klissiunis 107. 32. 177.

Basel. Hygienisches Institut. Schweizer 90. 22. 155. — Stern 91. 22. 165. — Werthemann 91. 22. 255. — Schmidt 101. 29. 290.
— Pathologisch-Anatomisches Institut. Tompakow 83. 14. 1.
— Ohne Institutsangabe. Meyer 84. 15. 79.

Belgrad. Staatl. Zentral.-Hygien. Institut. Milochevich 111. 34. 113.

Berlin. Hygienisches Institut. Boehncke 74. 11. 81. — Hahn 93. 23. 209.
— Forschungsinstitut für Hygiene und Immunitätslehre. Seidenberg und Schmerl 104. 30. 203. — Friedberger und Seidenberg 104. 30. 255. — Friedberger und Callerio 106. 31. 241. — Rutschko 109. 32. 231.
— Pathologisches Institut. Dobreff 95. 25. 320.
— Pharmakologisches Institut. Thoms und Müller 84. 15. 54.
— Physiologisches Institut. Rubner 81. 13. 179. — Rubner und Schulze 81. 13. 260. — Rubner 91. 22. 290; 104. 30. 268; 104. 30. 288. — Steudel 111. 34. 120. 114.
— Reichsgesundheitsamt (bis 1918 kaiserliches Gesundheitsamt). Bakteriologische Abteilung. Hesse 80. 13. 11; 83. 14. 327. — Uhlenhuth und Jötten 90. 22. 291; 91. 22. 65; 91. 22. 182. — Uhlenhuth und Hailer 92. 24. 31. — Uhlenhuth, Hailer und Jötten 92. 24. 293. — Uhlenhuth und Hailer .92. 24. 304. — Uhlenhuth, Lange und Kersten 93. 23. 295. — Uhlenhuth und Hailer 93. 23. 343. — Gildemeister, Hailer und Heuer 103. 30. 132. — Zuelzer 103. 30. 282. — Haendel und Haagen 103. 30. 298. — Heicken 111. 34. 331.
— — Gewerbehygienisches Laboratorium. Engel und Froboese 96. 26. 69. — Froboese 96. 26. 289. — Brückner und Spatz 97. 26. 277. — Brückner 98. 27. 95; 99. 28. 227; 99. 28. 236. — Brückner 101. 29. 16. — Froboese und Brückner 101. 29. 161. — Weber 105. 31. 101.
— — Hygienisches Laboratorium. Froboese 95. 25. 174. — Müller 89. 20. 135. — Liese 104. 30. 24; 104. 30. 156; 106. 31. 209; 110. 33. 355.

Berlin — Medizinalabteilung. Möllers 103. 30. 84.
— — Physiologisch-pharmakologisches Laboratorium. Rost und Wolf 95. 25. 140.
— Wührer 112. 34. 198.
— — Zweigstätte Scharnhorststraße. Konrich 106. 31. 381. — Gutschmidt 108. 32. 328. — Rodenbeck 109. 32. 67. — Gutschmidt 110. 33. 65.
— Institut für Infektionskrankheiten „Robert Koch". Neufeld und Etinger-Tulcynska 103. 30. 107. — Otto 103. 30. 165.
— Landesanstalt für Wasser-, Boden- und Lufthygiene; biologisch-zoologische Abteilung. Wilhelmi 97. 26. 82. — Weichardt 105. 31. 88. — Kunike 97. 26. 90. — Lehmann, Löwe und Traenkle 112. 3. 141.
— Hauptgesundheitsamt. a) Hygienisches bakteriologisches Institut. Wolff 91. 22. 332.
— — b) Chemische Abteilung. Fendler, Stüber und Burger 85. 16. 1. — Fendler, Frank und Stüber 85. 16. 199.
— Reichswehrministerium. Waldmann 93. 22. 239.
— Rudolf Virchowkrankenhaus, pathologisches Institut. Boer 74. 11. 73.
— Prüfungsanstalt für Heizung und Lüftung. Weiß 96. 26. 1.
— Ohne Institutsangabe. Hößlin Herm. v. 88. 19. 147. — Möllers 89. 20. 341. — Poppe 80. 13. 216. — Weber 87. 18. 207.
Bern. Hygienisch-bakteriologisches Institut. Sobernheim und Dietrich 105. 31. 71.
— Pharmakologisches Institut. Gordonoff und Zurukzoglu 109. 32. 361. 111. 34. 124.
Bologna. Hygienisches Institut. Brotzu 105. 31. 168.
Bonn. Hygienisches Institut. Neumann 84. 15. 1. — Kiefer 92. 24. 227. — Kißkalt 99. 28. 96. — Blumenberg 105. 31. 334. — Fetzer 107. 32. 255. — Blumenberg 109. 32. 284. — Blumenberg und Züll 109. 32. 297. — Weiland 109. 32. 351. — Selter, Fetzer und Weiland 110. 33. 1. — Wohlfeil und Gilges 110. 33. 125. — Fetzer und Weiland 112. 32. 95. — Wohlfeil 111. 34. 11. S. a. München Hygienisches Institut 99. 28. 130.
— Hautklinik der Universität. Hoffmann 103. 30. 62.
Bremen. Tjaden 104. 30. 184.
Breslau. Hygienisches Institut. Kollath 102. 29. 287. — Schultzik 102. 29. 366. — Bresler und Lubinski 106. 31. 197. — Buresch 109. 32. 211.
— Psychiatrische und Nervenklinik s. a. Hygienisches Institut 103. 30. 173. Georgi und Prausnitz 103. 30. 173.
— Medizinisches Untersuchungs-Amt. Kathe und Königshaus 109. 32. 1.
Bromberg. Kaiser Wilhelm-Institut für Landwirtschaft, Abteilung für Tierhygiene. Pfeiler 88. 19. 199. — Behmer 89. 20. 295.
Brünn. Tierärztliche Hochschule, Institut für Fleisch-, Milch- und Nahrungsmittelhygiene. Hökl, Petrov und Krejci 107. 32. 309.
Bruchsal. Strafanstalten. Ernst 106. 31. 235.
Budapest. Staatliches bakteriologisches Institut. Daranyi 96. 26. 182.
— Physiologisches Institut. Farkas und Geldrich 99. 28. 52; 104. 30. 1.
— St. Rochus-Spital, chemisches biologisches Laboratorium der IV. Abteilung. Rosenthal 81. 13. 81.

Charkow. Hygienisches Laboratorium der Universität. Silber 73. 11.
171.
— Wissenschaftlicher Forschungskatheder für soziale und Gewerbehygiene. Kagan, Dolgin, Kaplan, Linetzkaja, Lubarsky, Neumann,
Semernin, Strach und Spilberg 100. 28. 335.
— Gouvernements-Semstwo-Krankenhaus, Chemisch-bakteriolo-
gische Abteilung. Rabinowitsch 78. 13. 186.

Dresden. Hygienisches Institut der Technischen Hochschule. Hohen-
adel 78. 13. 193. — Süpfle und Belian 102. 29. 183. — Süpfle und Hofmann
103. 30. 365; 108. 32. 113. — Hofmann und Becher 112. 34. 121. — Süpfle und
May 112. 34. 84.
— Laboratorium der chemischen Fabrik v. Heyden-Radebeul. Philipp
und Kuhn 105. 31. 15.
— Staatliche Landesstelle für öffentliche Gesundheitspflege. Hohen-
adel 85. 16. 237. — Huber 97. 26. 299.
— Sächsisches Landesgesundheitsamt. Krahn 101. 29. 65.
— Ohne Institutsangabe. Thalmann 80. 13. 142. — Rammstedt 81. 13. 286.

Düsseldorf. Hygienisches Institut. Bürgers und Bachmann 92. 24. 169;
94. 24. 153. — Bachmann 94. 24. 228. — Bürgers 94. 24. 276. — Manteufel
und Zantop 103. 30. 75. — Kaess 107. 32. 42. — Haag und Schlüter 107. 32.
108. — Herzberg 107. 32. 277.

Ekaterinoslaw (Ukraine). Bakteriologisches Institut, hygienische Abteilung. Horowitz-Wlassowa, Goldenberg A. M. und Goldenberg F. M. 98. 27. 234.

Erlangen. Hygienisches bakteriologisches Institut. Weichardt 73. 11.
153; 74. 11. 185. — Weichardt und Stötter 75. 12. 265. — Weichardt und
Lindner 86. 17. 109. — Angerer 89. 20. 262; 89. 20. 327; 90. 22. 254; 91. 22.
201; 91. 22. 269; 91. 22. 273. — Heim 95. 25. 154. — Angerer 107. 32. 67. —
Dettling 108. 32. 359; 109. 32. 61. — Angerer 110. 33. 33; 111. 34. 23; 111.
34. 38. Bakteriologische Untersuchungs-Anstalt. Knorr und Gehlen
94· 24. 136.

Frankfurt a. M. Staatliches Institut für experimentelle Therapie.
Sachs 89. 20. 322. — Laubenheimer 107. 32. 386; 107. 32. 391.
— Pharmakologisches Institut. Lipschitz 97. 26. 94.
— Medizinische Universitätspoliklinik. Heupke 108. 32. 341; 111. 34. 188.
— Univ.-Kinderklinik. Mader und Eckhard 111. 34. 362.
— Ohne Institutsangabe. Hanauer 104. 30. 81.

Freiburg i. B. Hygienisches Institut. Süpfle 74. 11. 176. — Schottelius 79.
13. 289; 82. 14. 76. — Nissle 93. 23. 258. — Schmidt 94. 24. 105. — Remy
96. 26. 311. — Ries 99. 28. 209. — Remy 101. 29. 27. — Seiffert 101. 29.
117. — Remy 101. 29. 366. — Großmann 103. 30. 49. — Nuck 103. 30. 189. —
Remy 103. 30. 206. — Seiffert 103. 30. 258. — Zimmermann 103. 30. 269. —
Sutlif 104. 30. 239. — Remy 105. 31. 97. — Remy und Zimmermann 105. 31.
202. — Sugimoto 106. 31. 185. — Remy 107. 32. 139. — Uhlenhuth und
Remy 108. 32. 157. — Weil 108. 32. 280. — Remy und Schreiber 110. 33. 164.
— Remy 112. 34. 14. — Uhlenhuth und Remy 111. 34. 127. Untersuchungs-
amt für ansteckende Krankheiten. Nißle 103. 30. 124.
— Pathologisches Institut. Aschoff 103. 30. 1.

Gelsenkirchen. Institut für Hygiene und Bakteriologie. Bruns 95.
25. 209.

Gießen. Hygienisches Institut. Jaffé 76. 12. 1; 76. 12. 137; 76. 12. 145. — Zeiß 79. 13. 141; 82. 14. 1. — Griesbach 94. 24. 73. — Kuhn und Pietschmann 103. 30. 310. — Dombrowsky 111. 34. 350.
— S. a. Dresden, Laboratorium der chemischen Fabrik v. Heyden-Radebeul 105. 31. 15. Kliewe und Hill 106. 31. 221. — Kuhn und Dombrowsky 108. 32. 188.
— Hessisches Untersuchungsamt für Infektionskrankheiten. Kliewe und Lang 105. 31. 124. — Oßwald und Schönmehl 108. 32. 348. — Kliewe und Kindhäuser 110. 33. 211.
— Pathologisches Institut. Schopper 104. 30. 175.
— Institut für Körperkultur. Potz 94. 24. 329.
— Universitäts-Frauenklinik. Sitzenfrey und Vatnick 79. 13. 72.
— Ohne Institutsangabe. Feulgen 91. 22. 267.

Göttingen. Institut für medizinische Chemie und Hygiene. Fleischer 94. 24. 255.

Graz. Hygienisches Institut. Müller 75. 12. 189; 75. 12. 290; 75. 12. 321. — Hammerl 80. 13. 334. — Müller 82. 14. 57. — Kulka 82. 14. 337. — Müller 84. 15. 146. — Singer 86. 17. 263; 86. 17. 274. — Prausnitz 86. 17. 308; 88. 19. 1. — Weiß 88. 19. 40. — Hammerschmidt 90. 2. 1. — Kalbfleisch H. und Kalbfleisch E. 110. 33. 191. Staatliche Untersuchungsanstalt für Lebensmittel. Mohorčič und Prausnitz 86. 17. 219. — Mohorčič 86. 17. 241; 86. 17. 248; 86. 17. 254. — Prausnitz 88. 19. 49. — Mohorčič 88. 19. 56.
— Hygienisches Institut s. a. Triest, Seelazarett San Bartolommeo 81. 13. 307.
— Universitäts-Kinderklinik. Siegl 99. 28. 71.
— Kinderklinik, Hygienisches Institut. Hamburger und Haidvogl 98. 27. 108.
— Städtische Desinfektionsanstalt s. a. Hygienisches Institut 80. 13. 334.

Greifswald. Hygienisches Institut. Putter 89. 20. 71. — Prausnitz 96. 26. 352. — Gara und Stickl 102. 29. 37. — Dresel und Lotze 104. 30. 144. — Dresel und Stickl 104. 30. 330. — Lotze 105. 31. 35. — Scheunemann 105. 31. 287. — Gara von 107. 32. 105. — Hettche 107. 32. 337. — Dresel und Hettche 108. 32. 1. — Frantz 110. 33. 143. — Sander 112. 34. 342.

Haag (Holland). Nikolai 88. 19. 90. — Ruys 87. 18. 205.

Halle. Hygienisches Institut. Dold 89. 20. 101; 89. 20. 373. — Schmidt und Barth 94. 24. 209. — Klostermann und Weisbach 94. 24. 247. — Koch 94. 24. 306. — Seiser, Necke und Müller 99. 28. 158. — Barth 104. 30. 318. — Kairies 111. 34. 1. — Mrugowsky 111. 34. 104. Chemisches Untersuchungsamt. Klostermann und Scholta 86. 17. 313.
— Botanisches Institut. Schmid 91. 22. 339.
— Hygienisches Institut. Vereinigte Friedrichs-Universität Halle-Wittenberg. Pfrieme 111. 4. 232.

Hamburg. Staatliches Hygienisches Institut. Schwarz und Pagels 92. 24. 77. — Neumann 96. 26. 265; 97. 26. 275; 99. 28. 1. — Seige 100. 28. 14. — Sieke und Keim 100. 28. 44. — Finderwalder 100. 28. 5. — Gaehtgens 100. 28. 82. — Hanne 100. 28. 9. — Kammann 100. 28. 102. — Kaiser 100. 28. 40. — Kister 100. 28. 1. — Lendrich 100. 28. 57. — Lorentz 100. 28. 149. — Nachtigall 100. 28. 25. — Nachtigall und Bayer 100. 28. 35. — Nachtigall

und Räder 100. 28. 31. — Nottbohm 100. 28. 65. — Otto 100. 28. 94. —
Schröder 100. 28. 48. — Schultze 100. 28. 121. — Schwarz und Deckert
100. 28. 130. — Schwarz und Sieke 100. 28. 143. — Strunk 100. 28. 21. —
Schwarz 101. 29. 173. — Deckert 102. 29. 254. — Schwarz und Sieke 104.
30. 65. — Lorentz 104. 30. 378. — Schwarz und Schultze 106. 31. 299. —
Schwarz und Deckert 106. 31. 346. — Muhiddin 107. 32. 219; 109. 32. 31. —
Hanne 112. 34. 349. — Schultze 111. 34. 57; 112. 34. 48.
— Allgemeines Krankenhaus St. Georg. Alvermann und Wuttke
    111. 34. 278.
— Kolloidchemisches Laboratorium. Schultze 108. 32. 198.
— Pharmakologisches Institut. Cropp 90. 22. 279.
— Universitätsklinik für Haut- und Geschlechtskrankheiten. Mulzer
    und Hahn 103. 30. 95.
— Institut für Schiffs- und Tropenkrankheiten. Zeiß 87. 18. 246.
— Krankenhaus Eppendorf, Institut für experimentelle Therapie.
    Müller 83. 14. 285. — Ginader 106. 31. 147.
— Krankenhaus Barmbeck-Hamburg. Fretwurst und Hertz 104. 30. 215.
— Forschungsinstitut für Epidemiologie. Wolter 101. 29. 5.
— Ohne Institutsangabe. Herb 100. 28. 112. — Hering 100. 28. 154. — Kallert
    93, 23. 187.

Hanau. Kittsteiner 87. 18. 170.

Hannover. Nußbaum 100. 28. 165. — Wobsa 79. 13. 323 und 83. 14. 123.

Heidelberg. Hygienisches Institut. Stickl 98. 27. 43. — Habs 102. 29. 315.
    — Grünewald 102. 29. 324. — Gotschlich 103. 30. 37. — Habs 104. 30. 358. —
    Gundel und Linden 105. 31. 133. — Linden und Schwarz 106. 31. 133. —
    Gundel und Schäfer 108. 32. 94. — Mahla 110. 33. 231. — Gundel und
    Blattner 112. 34. 319. — Mohr 111. 34. 197. — Okura 111. 34. 243. — Schirmer
    112. 34. 188.
— Institut für experimentelle Krebsforschung, wissenschaftliche
    Abteilung. Sachs und Klingenstein 103. 30. 221.
— Biochemisches Institut. Bart 91. 22. 1.
— Hubertusburg (Bez. Leipzig), kgl. sächsische Heil- und Pflege-
    anstalt. Böttcher 80. 13. 109.

Hereford (England). Durham 81. 13. 273.

Jaroslawl (Rußland). Solowieff 104. 30. 132.

Innsbruck. Hygienisches Institut. Lode 82. 14. 212; 91. 22. 41. — Lanner
    und Schönsleben 91. 22. 349. — Bleyer 91. 22. 367. — Lode 93. 23. 267. —
    Bleyer 94. 24. 347. — Lanner 95. 25. 291. — Lode 97. 26. 227. — Lode und
    Burtscher 102. 29. 304. — Burtscher 104. 30. 197. — Hauptmann 108. 32. 20.
    — Kawrza und Lode 111. 34. 75.

Jena. Hygienisches Institut. Wolf 91. 22. 99. — Lehmann 95. 25. 40;
    96. 26. 321. — Wette 99. 28. 143. — Lehmann 99. 28. 181; 99. 28. 256. —
    Wette 101. 29. 222. — Lehmann 102. 29. 111; 102, 29. 203. — Bickert 106. 31.
    271; 107. 32. 1. — Hansen-Schmidt 112. 34. 63.

Karlsruhe. Holtzmann 106. 31. 377 und 107. 32. 115.

Kiel. Hygienisches Institut. Kißkalt 99. 28. 99. — Liese 99. 28. 111. —
    Weigmann 102. 29. 77. — Dold 103. 30. 10; 104. 30. 386. — Pels Leusden 105.
    31. 229; 107. 32. 388 und 394; 110. 33. 61. — Laub 112. 34. 222. — Thiele
    112. 34. 260.

Kiel. Preußische Versuchs- und Forschungsanstalt für Milchwirtschaft, bakteriologisches Institut. Majer 98. 27. 193. — Damm 109. 32. 365.

— Ohne Institutsangabe. Ruge 108. 32. 251.

Koblenz. Kgl. Medizinal-Untersuchungsamt. Marmann 76. 12. 77; 76. 12. 245. — Hilgermann 79. 13. 168.

Köln. Hygienisches Institut. Pesch 92. 24. 329. — Sonnenschein 101. 29. 380. — Pesch 101. 29. 386; 102. 29. 333. — Pesch und Siegmund 105. 31. 1. — Pesch 105. 31. 61.

Königsberg. Hygienisches Institut. Rauch und Michaelis 91. 22. 293. — Nehring 91. 22. 301. — Hilgers 94. 24. 189. — Selter 94. 24. 223. — Geschke 94. 24. 237. — Selter und Hilgers 94. 24. 264. — Geschke und Wohlfeil 97. 26. 234. — Wohlfeil 98. 27. 84. — Schmidt 100. 28. 377. — Wohlfeil 100. 28. 393. — Bachmann 102. 29. 263; 103. 30. 336; 104. 30. 43; 105. 31. 181; 106. 31. 123; 108. 32. 142; 108. 32. 167; 110. 33. 266. — Bachmann, Hettche und Ogait 110. 33. 303. — Bachmann 111. 34. 214; 111. 6. 317.

— Medizinische Universitäts-Poliklinik. Ewig und Wohlfeil 97. 26. 162; 97. 26. 251; 97. 26. 261.

Kopenhagen. Hygienisches Institut der Universität und Budde-Laboratorium. Lind 107. 32. 234.

Landsberg a. W. Hygienisches Institut. Hilgermann und Spranger 98. 27. 37. — Zimmermann und Kluge 112. 34. 157.

Leipzig. Hygienisches Institut. Trautmann 76. 12. 206. — Schmidt 76. 12. 284. — Clausnitzer 80. 13. 1. — Liebers 80. 13. 29; 80. 13. 43. — Schmidt 80. 13. 62; 80. 13. 70. — Trautmann 80. 13. 84. — Sage 80. 13. 250. — Schmidt 82. 14. 351. — Jötten 91. 22. 143. — Pasch 91. 22. 158. — Hintze 94. 24. 163. — Jötten 94. 24. 174. — Strunz 94. 24. 198. — Fischer 94. 24. 214. — Seitz 94. 24. 284. — Trautmann 94. 24. 298. — Jötten 95. 25. 263. — Seitz-Leipzig 106. 31. 160; 109. 32. 199. — Glück 110. 33. 38. Kgl. Untersuchungsanstalt beim Hygienischen Institut der Universität. Avé-Lallement 80. 13. 154. — Reich 80. 13. 169. — Härtel 80. 13. 228.

— S. a. Berlin, Reichsgesundheitsamt, bakteriologische Abteilung 90. 22. 291; 91. 22. 65; 91. 22. 182; 92. 24. 293.

— Medizinische Klinik. Zaloziecki 80. 13. 196.

— Ohne Institutsangabe. Günther 96. 26. 125. — Thiem 80. 13. 74.

Leningrad. Militär-medizinische Akademie, Hygienisches Institut. Okunewski 94. 24. 143. — Uglow 95. 25. 89. — Chlopin, Jakowenko und Wolschinsky 98. 27. 158.

— Staatsinstitut für Arbeitshygiene und Sicherheitstechnik, toxikologisches Laboratorium. Brüllowa, Brussilowskaja, Lazarew, Lübimowa und Stalskaja 104. 30. 226. — Lazarew, Brussilowskaja, Lawrow und Lifschitz 106. 31. 112.

— Institut für Gewerbehygiene und Unfallverhütung, lichttechnische Abteilung. Silber und Trumpaitz 107. 32. 127.

— Institut zum Studium der Berufskrankheiten, physiologisches Laboratorium. Grünberg 99. 28. 248. — Ufland 101. 29. 107.

— Verschiedene. Uglow 97. 26. 272.

— Zentrallaboratorium der Gummiwerke „Krassny Treagolnik", physiologische Abteilung. Lazarew 102. 29. 227.

London. Lister Institute. Schütze 100. 28. 181.

Marburg. Hygienisches Institut. Kirch 78. 13. 327. — Kapeller 101. 29. 81. — Viefhaus 107. 32. 155. — Beck 109. 32. 177; 109. 32. 189. — Jusatz 109. 32. 269. — Jusatz 112. 34. 181.
— Institut für experimentelle Therapie „Emil v. Behring". Watanabe 92. 24. 359. — Schmidt und Scholz 95. 25. 308; 95. 25. 339; 96. 26. 172; 96. 26. 185; 96. 26. 251; 96. 26. 294.
— S. a. Berlin, Reichsgesundheitsamt, bakteriologische Abteilung 91. 22. 65; 91. 22. 182; 92. 24. 293; 92. 24. 304; 93. 23. 343.
— Behringwerke. Dold 96. 26. 167.

Meadville, USA. Biologisches Laboratorium des Allegheny-College. Breed 75. 12. 383.

Metz. Kaiserliche Bakteriologische Landesanstalt für Lothringen. Hirschbruch und Levy 80. 13. 310.

Moskau. Obuch-Institut für das Studium der Berufskrankheiten. Gelmann 96. 26. 301. — Guelmann 95. 25. 331.
— Staatliches Wissenschaftliches Institut für Arbeitsschutz. Marschak und Klaus 101. 29. 297. — Marschak und Dukelsky 101. 29. 325. — Abeshaus 106. 31. 102. — Israelson und Rosenbaum 108. 32. 70. — Chuchrina 111. 34. 43.
— Bodenlaboratorium des Sanitären Erismann-Instituts. Dratschew 110. 33. 219.
— Tarassewitsch-Institut für experimentelle Therapie und Serumkontrolle. Zeiß 105. 31. 210.
— Zentrales Institut für Arbeitsforschung sowie Organisation und Hygiene der Arbeit. Schafranowa 112. 34. 245.
— Ohne Institutsangabe. Zeiß 107. 32. 243.

München. Hygienisches Institut. Rullmann 73. 11. 81. — Hörhammer 73. 11. 183. — Schneider 75. 12. 167. — Chwilewizky 76. 12. 401. — Gruber 80. 13. 272. — Spiegel 80. 13. 283. — Süpfle 81. 13. 48. — Ishiwara 81. 13. 58. — Schneider und Hurler 81. 13. 372. — Ilzhöfer 82. 14. 149. — Angerer 83. 14. 77. — Ahlborn 83. 14. 155. — Fürst 83. 14. 350. — Reich 84. 15. 337. — Süpfle und Dengler 85. 16. 189. — Kaup, Balser, Hatziwassiliu und Kretschmer 87. 18. 1. — Ilzhöfer 87. 18. 213. — Süpfle 87. 18. 232; 87. 18. 235. — Angerer 88. 19. 274. — Ilzhöfer 88. 19. 285; 88. 19. 332. — Dichtl 89. 20. 47. — Zeug 89. 20. 175. — Reiter 89. 20. 191. — Ilzhöfer 89. 20. 223. — Heß 89. 20. 237. — Rosenkranz 89. 20. 253. — Süpfle und Müller 89. 20. 351. — Nickl 89. 20. 355. — Müller 89. 20. 363. — Blum 90. 22. 373. — Mayr 91. 22. 209. — Pfeiler 91. 22. 217. — Hofmann 91. 22. 231. — Apfelbeck 91. 22. 245. — Seiser 92. 24. 189. — Angerer 92. 24. 312; 92. 24. 325. — Ilzhöfer 93. 23. 1. — Angerer 93. 23. 14. — Kaup 93. 23. 151. — Schneider 93. 23. 26. — Lenz 93. 23. 126. — Süpfle 93. 23. 252. — Seßler 94. 24. 88. — Ilzhöfer 94. 24. 317; 95. 25. 245; 96. 26. 102. — Potz 96. 26. 122. — Angerer und Hartmann 96. 26. 227. — Angerer 96. 26. 231. — Ilzhöfer und Angerer 96. 26. 237. — Angerer und Rupp 99. 28. 118. — Kißkalt 99. 28. 130. — Ilzhöfer 99. 28. 136. — Kißkalt 100. 28. 195. — Knorr und Mukawa 100. 28. 309. — Ilzhöfer 101. 29. 1. — Kißkalt 101. 29. 137; 101. 29. 205. — Knorr 101. 29. 257. — Angerer 101. 29. 338. — Kißkalt 101. 29. 363. — Tiebel 101. 29. 95. — Knorr 101. 29. 369; 102. 29. 10. — Kißkalt und Knorr 103. 30. 349. — Kesselkaul 103. 30. 379. — Rosebrock 104. 30. 72. — Schad 104. 30. 99. — Knorr 105. 31. 237. —

Schad 105. 31. 272. — Anton 105. 31. 275. — Ilzhöfer 105. 31. 301; 105. 31. 319; 105. 31. 322. — Knorr 105. 31. 355. — Seiser 105. 31. 373. — Evers 106. 31. 255. — Knorr 107. 32. 11. — Knorr und Lenz 107. 32. 186. — Murabito und Seiser 107. 32. 290. — Khreninger Guggenberger 108. 32. 57. — Kißkalt 108. 32. 111. — Knorr 108. 32. 181. — Ilzhöfer und Brack 109. 32. 20. — Kißkalt 109. 32. 263. — Khreninger Guggenberger 109. 32. 333. — Nerlich 110. 33. 111. — Derks 110. 33. 329. — Früholz 112. 1. 20. — Kißkalt 112. 3. 167. — Mahnkopf 112. 34. 263. — Maugeri 111. 34. 271. — Nerlich 112. 34. 1. — Stübinger 112. 34. 70. Bakteriologische Untersuchungsanstalt. Seiffert 76. 12. 300. — Rimpau 76. 12. 313. — Seiffert und Rasp 79. 13. 259. — Keck 79. 13. 335. — Keins 82. 14. 111. — Fürst 89. 20. 161. — Baumgärtel 93. 23. 43. — Rimpau 93. 23. 62. — Rimpau, Plochmann und Schneider 107. 32. 268.
— K. B. Militärärztliche Akademie. Angerer 87. 18. 316; 88. 19. 139. — Mayer 88. 19. 184. — Uglow 92. 24. 331.
— K. Universitäts-Kinderklinik. Uffenheimer und Awerbuch 83. 14. 187.
— Technische Hochschule, Laboratorium für Bauhygiene. Trautwein 84. 15. 283.
— Tierhygienisches Institut. Haußmann 95. 25. 69. — Stockmayer 95. 25. 79. — Krause 95. 25. 271 — Süpfle 97. 26. 176. — Henninger 97. 26. 183. — Heiserer 97. 26. 195. — Wurzinger 97. 26. 219. — Süpfle, Hofmann und Walz 98. 27. 147. — Rupp 99. 28. 165. — Maurer und Hofmann 100. 28. 367.
— Kinderpoliklinik s. a. Tierhygienisches Institut 100. 28. 367.
— Arbeitsmedizinisches Laboratorium des bayerischen Landesgewerbearztes. Koelsch F., Lederer und Koelsch R. 93. 23. 177; 101. 29. 234.
— Biologische Versuchsanstalt für Fischerei. Seiser und Walz 95. 25. 189.
— K. bayerische Zentralimpfanstalt. Groth 77. 13. 1. — Weise 85. 16. 61.
— Ohne Institutsangabe. Emmerich und Jusbaschian 76. 12. 12; Emmerich und Löw 80. 13. 261 und 84. 15. 261; Fürst 93. 23. 79; Hecker 93. 23. 280; Löw 84. 15. 215 und 89. 20. 130; Müller 104. 30. 367; Seiffert und Arnold 99. 28. 272; Trommsdorf 83. 13. 255 und 84. 15. 181; Uffenheimer 93. 23. 104.
Münster. Hygienisches Institut. Scharlau 102. 29. 1. — Jötten und Sartorius 103. 30. 66. — Sartorius 105. 31. 48. — Schweers 107. 32. 354. — Forst 109. 32. 85. — Jötten und Grube 109. 32. 311. — Sartorius 109. 32. 324. — Sartorius und Sudhues 110. 33. 245. — Sartorius und Derks J. 110. 33. 322. — Scharlau 102. 29. 133. — Reploh 107. 32. 283. — Boedicker 107. 32. 318; 109 32. 124. — Sudhues 109. 32. 135. — Grube 110. 33. 203. Staatl. Forschungsabteilung für Gewerbehygiene beim Hyg. Inst. der Westf. Wilhemsuniversität. Grube 112. 34. 9. — Jötten und Grube 111. 2. 63.
— Landwirtschaftliche Versuchsstation. Spieckermann und Thienemann 74. 11. 110.
Neapel. Physiologische chemische Abteilung der biologischen Station. Sulima 75. 12. 235.
Nürnberg. Städtisches Krankenhaus, bakteriologische Abteilung. Süßmann 100. 28. 211.
Odessa. Arbeitsamt, Sanitätsgewerbeaufsicht. Korenman und Resnik 104. 30. 344. — Korenman 109. 32. 108. Odessaer Arbeitsinstitut. Korenman 112. 5. 235.

Orenburg. Chemiko-Bakteriologisches Institut. Horowitz-Wlassowa 96.
26. 262.

Osaka. Medizinische Akademie, Klinik für Phthisis. Arima 73. 11. 265.

Padua. Hygienisches Institut. Graziani 73. 11. 39.

Petersburg. Militär-medizinische Akademie, hygienisches Institut.
Chlopin und Okunewsky 91. 22. 317.

Pisa. Hygienisches Institut. Sanfelice 110. 33. 348.

Pola. Hygienisches Institut. Nikolai 86. 17. 318; 86. 17. 338.
— Bakteriologisches Laboratorium Nr. 9. Cafasso 88. 19. 20.

Potsdam. Medizinaluntersuchungsamt. Marmann 87. 18. 192.

Prag. Hygienisches Institut der deutschen Universität. Salus 75. 12.
353; 75. 12. 371. — Weil 76. 12. 343; 78. 13. 163; 79. 13. 59. — Nakano 81.
13. 92. — Bail und Breinl 82. 14. 33. — Pirc 91. 22. 253. — Watanaba 92. 24. 1.
— Nakamura 92. 24. 61. — Sukeyasu Okuda 92. 24. 109. — Fürth 92. 24.
158. — Bail und Okuda 92. 24. 251. — Bail 94. 24. 54. — Singer und Hoder
94. 24. 353. — Bail 95. 25. 1. — Katz und Schokitschi 95. 25. 101. — Kimura
96. 26. 277. — Suzuki 97. 26. 141. — Kigasawa 99. 28. 196. — Bail 102. 29. 71.
— Serologische Abteilung. Bail und Weil 73. 11. 218. — Bail und Suzuki
73. 11. 341. — Rubritius 74. 11. 211. — Suzuki 74. 11. 221. — Spät 74. 11.
237. — Weil 74. 11. 289. — Suzuk 74. 11. 345; 75. 12. 224.
— Hygienisches Institut der böhmischen Universität. Kabrhel 76.
12. 256. — Partis 79. 13. 301. — Roček 82. 14. 321; 87. 18. 180.
— Laboratorium für allgemeine Biologie und experimentelle Morphologie an der böhmischen Medizinischen Fakultät. Růžička
77. 13. 369.

Riga. Adolphi 97. 26. 1.

Rom. Hygienisches Institut. Celli 81. 13. 333.

Rostock. Hygienisches Institut. Springer 79. 13. 25. — Kirchner 95. 25. 280;
96. 26. 195. — Winkler 98. 27. 241. — Eckstein 102. 29. 240.

Rostow am Don. Staatliches Mikrobiologisches Institut. Bujanowski
101. 29. 318.
— Odontologisches Abteil des Instituts für Arbeitsschutz
und Berufserkrankungen. Hecker 111. 34. 255; 111. 34. 263.
— Nordkaukasisches regionales Institut für Arbeitsorgani-
sation und Arbeitsschutz. Hecker 112. 34. 303.

Shanghai. Deutsche Medizin- und Ingenieurschule, Institut für Hygiene und Bakteriologie. Dold und Li mei ling 85. 16. 300. — Dold
und Chen Yühsiang 89. 20. 63. — Dold und Huang 89. 20. 168.
— Tung Chi Medizinische Hochschule, Pathologisches Institut.
Liang 94. 24. 93.

Speyer. Hößlin Herm. v. 99. 28. 83 und 99. 28. 91.

Stade. Preußisches Medizinaluntersuchungsamt. Bach 106. 31. 366.

Stockholm. Staatliches bakteriologisches Laboratorium. Olin 108. 32. 221.

Straßburg. Institut für Hygiene und Bakteriologie. Acki 75. 12. 393. —
Kodama 78. 13. 247. — Bürger 82. 14. 201. — Kuhn 86. 17. 151. — Messer-
schmidt 88. 19. 93. — Scheer 88. 19. 130.
— Institut für Pharmakologie. Schmiedeberg 76. 12. 210.

Stuttgart. Städtisches Gesundheitsamt, s. Würzburg, Hygienisches Institut 100. 28. 271.
— Städt. Schlachthof. Süskind 90. 22. 296.
— Ohne Institutsangabe. Fischer 94. 24. 342.

Swerdlowsk. Kabinett zum Studium der Gewerbeerkrankungen. Lukanin 104. 30. 166.

Triest. Hafen- und Seesanitäts-Kapitanat. Kaiser 78. 13. 129. — Müller 81. 13. 307.
— Seelazarett San Bartolommeo, bakteriologisches Laboratorium.

Tübingen. Hygienisches Institut. Steng 78. 13. 219. — Oehlschlägel 91. 22. 177. — Saleck 98. 27. 32; 99. 28. 60. — Wolf 104. 30. 53; 106. 31. 168. — Saleck 110. 33. 133.

Utrecht. Zentrallaboratorium, bakteriologische Abteilung. Bijl und Korthof 105. 31. 29.

Warschau. Chemisches bakteriologisches Laboratorium. Kraszewski 86. 17. 54.

Wien. Hygienisches Institut. Glaser 77. 13. 165. — Gegenbauer und Reichel 78. 13. 1. — Krombholz 84. 15. 151; 85. 16. 117. — Gegenbauer 87. 18. 289. — Krombholz 88. 19. 241. — Gegenbauer 89. 20. 202; 90. 22. 23; 90. 22. 239. — Graßberger 93. 23. 218. — Kanao 92. 24. 139. — Engling 92. 24. 244. — Noziczka 97. 26. 47. — Graßberger, Bauer, Noziczka und Wödl 97. 26. 97. Abteilung für amtsärztliche Ausbildung und Sozialhygiene. Reichel und Rieger 98. 27. 23. — Rieger und Trauner 98. 27. 176. — Eidherr und Reichel 105. 31. 262.
— Pharmakognostisches Institut, chemisches Laboratorium. Glaser und Frisch 101. 29. 48.
— Militärsanitätskomite, chemisches Laboratorium, s. Hygienisches Institut 77. 13. 165.
— Universitäts-Kinderklinik. Siegl 106. 31. 32.
— Physiologisches Institut. Brezina 89. 20. 1; 89. 20. 27.
— Staatsamt für soziale Verwaltung, Abteilung Volksgesundheit, s. a. Physiologisches Institut 89. 20. 1; 89. 20. 27.
— s. a. Spital des Vereins „Herzstation" 95. 25. 351. — Brezina und Lebzelter 92. 24. 53. — Brezina 95. 25. 351.
— Krankenanstalt Rudolfstiftung, Prosektur. Epstein und Paul 90. 22. 98.
— Franz Josephspital, Prosektur, s. a. Krankenanstalt Rudolfstiftung, Prosektur 90. 22. 98. — Epstein 90. 22. 136.
— Tierärztliche Hochschule, bakteriologisches Institut. Günter 92. 24. 211.
— Hochschule für Bodenkultur, physiologisches Institut. Brezina 74. 11. 143.
— Volksgesundheitsamt im B. M. f. soz. Verwaltung. Brezina und Wastl 102. 29. 154.
— Ohne Institutsangabe. Brezina 112. 34. 180. — Brezina und Schmitt 90. 22. 83. — Gegenbauer 88. 19. 219. — Krombholz 90. 22. 123.

Wilna. Bakteriologisches Institut. Lapinski 102. 29. 179.

Witten. Gesundheitsamt. Fromme 103. 30. 20.

Würzburg. Hygienisches Institut. Dubitzki 73. 11. 1. — Kittsteiner 73. 11. 275. — Iwanoff 73. 11. 307. — Lehmann, Behr, Würth, Quadflieg,

Franz, Herrmann, Knoblauch und Gundermann 74. 11. 1. — Seifert 74. 11.
61. — Motoi Hasegawa 74. 11. 194. — Lehmann, Weißenberg, Wojciechowski,
Luig und Gundermann 75. 12. 1. — Yoichiro Saito 75. 12. 121; 75. 12. 134. —
Lehmann, Saito und Gförer 75. 12. 152; 75. 12. 160. — Lehmann und
Gundermann 76. 12. 98. — Schütze 76. 12. 116; 76. 12. 293. — Lehmann
und Diem 77. 13. 311. — Lehmann und Hasegawa 77. 13. 323. — Lehmann
78. 13. 260. — Kittsteiner 78. 13. 275. — Burckhardt 79. 13. 1. — Kakizawa
80 13. 302. — Lehrnbecher 81. 13. 1. — Kakizawa 81. 13. 43. — Wisser
82. 14. 97. — Burckhardt 82. 14. 235. — Lehmann 83. 14. 239. — Schulte
83. 14. 43. — Süßmann 84. 15. 121. — Niedergesäß 84. 15. 220. — Dirk
Held 84. 15. 289. — Katayama Seïdschi 85. 16. 309. — Vogt und Burckhardt
85. 16. 323. — Süßmann 90. 22. 175. — Spatz 91. 22. 277. — Lehmann 91. 22.
283. — Friedländer 91. 22. 287. — Fleischer 91. 22. 291. — Spatz 91. 22. 315.
— Lehmann und Weil 92. 24. 85. — Lehmann und Scheible 92. 24. 89. — Haag
92. 24. 347. — Lehmann, Süßmann, Weindel, Argus, Benz, Bundschuh,
Hetzel, Jobs, Sohler und Wenk 94. 24. 1. — Kagan 94. 24. 41. — Lehmann
und Schmidt-Kehl, Keibel, Levy, Niggemeier, Smitmans und Hasegawa 96. 26.
363. — Büttner 97. 26. 12. — Haag 97. 26. 28. — Schmidt-Kehl 98. 27. 1. —
Lütkens 98. 27. 59. — Schütze 98. 27. 70. — Haag 98. 27. 271; 100. 28. 271. —
Gundermann 100. 28. 174. — Schmidt-Kehl 100. 28. 226 — Poller 100. 28.
245. — Seiler 100. 28. 325. — Lehmann 101. 29. 39; 101. 29. 197. — Leites
102. 29. 91. — Lapidus 102. 29. 124. — Schmidt-Kehl und Waskewitsch 102. 29.
192. — Lehmann 102. 29. 349. — Schmidt-Kehl 103. 30. 235. — Lehmann 104.
30. 105. — Schmidt-Kehl 105. 31. 245. — Lehmann 106. 31. 1. — Schmidt-
Kehl 106. 31. 249. — Lehmann, Zezschwitz und Ruf 106. 31. 309. — Lehmann
106. 31. 336. — Bamesreiter 108. 32. 129. — Lehmann 108. 32. 135; 108. 32, 233.
— Göhring 108. 32. 307. — Lehmann 110. 33. 12. — Knorr 112. 34. 217. —
Manigold 112. 6. 315. — Ruf 112. 34. 333. — Schmidt.Kehl 111. 34. 307.
— Physiologisches Institut. Ackermann und Schütze 73. 11. 145.

Zagreb. Hygienisches Institut der medizinischen Fakultät. Prica
und Zuk 110. 33. 335.

Zürich. Hygienisches Institut der Universität. Stadler 73. 11. 195. —
Gonzenbach und Klinger 73. 11. 380. — Dieterle, Hirschfeld und Klinger
81. 12. 128. — Hirschfeld und Klinger 85. 16. 139. — Klinger 86. 17. 212. —
Kimura 91. 22. 183. — Francillon 95. 25. 121. — Grögli 95. 25. 160. —
Grumbach und Grilicheß 109. 32. 147.
— Hygienisches Institut der Technischen Hochschule. Vintschger
101. 29. 261. — Carpine 86. 17. 1.
— ohne Institutsangabe Dieterle und Eugster 111. 34. 136.

Zwickau. Kgl. Krankenstift, pathologisches Institut. Loele 80. 13. 56.

Militärische Institute. Hygienisch-bakteriologisches Laboratorium,
Lager Lechfeld. Seiffert 85. 16. 41; 85. 16. 265.
— K. und k. großes mobiles Epidemielaboratorium Nr. 6. Roček 86. 17. 147.
— Bakteriologisches Feldlaboratorium Nr. 33 der k. und k. Salubritäts-
kommission Nr. 5 der Isonzo-Armee. Trawiński und György 87. 18. 277.
— Bakteriologische Untersuchungsstelle des Wehrkreises I. Breken-
feld 107. 32. 193.
— Bakteriologische Untersuchungsstelle des beratenden Hygie-
nikers der ... Armee. Fürst 87. 18. 270. — Klose 84. 15. 193. — Kwas-
niewski 88. 19. 310. — Paneth 86, 17. 63.